COLLECTION DE MONOGRAPHIES SUR LA THÉORIE DES FONCTIONS
PUBLIÉE SOUS LA DIRECTION DE M. ÉMILE BOREL.

LE

CALCUL DES RÉSIDUS

ET SES APPLICATIONS

À LA THÉORIE DES FONCTIONS

PAR

ERNST LINDELÖF,
PROFESSEUR À L'UNIVERSITÉ DE HELSINGFORS.

PARIS,
GAUTHIER-VILLARS, IMPRIMEUR-LIBRAIRE
DU BUREAU DES LONGITUDES, DE L'ÉCOLE POLYTECHNIQUE,
Quai des Grands-Augustins, 55.

1905

Edition : Culturea, le patrimoine des lettres (Hérault, 34)
Contact : infos@culturea.fr
Retrouvez notre catalogue sur http://culturea.fr
Imprimé en Allemagne par Books on Demand, In de Tarpen 42, Norderstedt.
Design typographique : Derek Murphy
Layout : Reedsy (https://reedsy.com/)
ISBN : 9791041940226
Dépôt légal : janvier 2023

PRÉFACE.

Les progrès réalisés depuis quelques années dans la théorie des fonctions analytiques ont fait ressortir combien sont toujours fécondes et efficaces les méthodes ingénieuses créées par Cauchy, parmi lesquelles il convient de citer en premier lieu le Calcul des résidus. Il n'est donc pas sans intérêt de revenir maintenant sur ce Calcul classique et d'étudier systématiquement le rôle qu'il joue dans la théorie des fonctions proprement dite. C'est ce que nous avons tâché de faire dans ce petit Livre, en vue de faciliter dans une certaine mesure l'accès des parties modernes de l'Analyse.

Dans le premier Chapitre, nous passons rapidement en revue les principes et théorèmes généraux dont nous aurons à faire usage, en cherchant d'ailleurs à varier un peu ce sujet tant de fois exposé. Ayant fait une étude détaillée des travaux de Cauchy, y compris quelques Mémoires peu répandus que M. Mittag-Leffler a généreusement mis à notre disposition, nous avons tenu à relever les dates et à faire ressortir la portée de ses découvertes, ce qui nous a paru d'autant plus nécessaire qu'on rencontre souvent, dans la littérature, des indications assez peu exactes à ce sujet.

Le deuxième Chapitre contient diverses applications du Calcul des résidus, dues pour la plupart à Cauchy. Cependant les limites restreintes imposées à cet Ouvrage ne nous ont permis de donner qu'une idée très imparfaite du parti que Cauchy avait tiré lui-même de son Calcul. Parmi les applications faites par lui qui n'ont pu trouver place dans ce Chapitre, nous devons signaler surtout la méthode qu'il a employée pour obtenir des séries analogues à celle de Fourier, méthode dont on trouve une très belle exposition au Tome II du *Traité d'Analyse* de M. Picard.

Le troisième Chapitre est consacré aux formules sommatoires. Le Calcul des résidus, appliqué systématiquement, permet de rattacher toutes ces formules, avec leurs conséquences multiples, à un même principe simple et naturel, et contribue ainsi à mettre plus d'ordre et d'unité dans cette partie si intéressante de l'Analyse.

Comme application de ces formules, nous en déduisons, au quatrième Chapitre, une grande partie des expressions et des développements trouvés, à différentes époques et par différentes méthodes, pour la fonction *gamma* et pour la fonction de Riemann. Ce Chapitre contient aussi quelques résultats nouveaux relatifs à la série de Stirling.

Enfin, au dernier Chapitre, nous donnons un aperçu de quelques résultats modernes relatifs au prolongement analytique et à l'étude asymptotique des fonctions définies par un développement de Taylor, en insistant surtout sur certains théorèmes généraux riches en applications et qui semblent présenter un caractère définitif. Ici encore nous avons dû être assez bref et laisser de côté bien des questions intéressantes, mais nous espérons néanmoins que notre exposition ne sera pas sans utilité pour ceux qui désirent approfondir le sujet.

Nous tenons à exprimer ici nos vifs remercîments à M. Émile Borel, qui nous a invité à écrire ce Livre et qui, ensuite, en revoyant les épreuves, a bien voulu nous assister de ses précieux conseils.

Helsingfors, le 13 novembre 1904.

INDEX.

LE

CALCUL DES RÉSIDUS

ET SES APPLICATIONS

À LA THÉORIE DES FONCTIONS.

CHAPITRE I.

PRINCIPES ET THÉORÈMES FONDAMENTAUX.

1. Soient deux fonctions réelles des variables réelles x, y, $u(x, y)$ et $v(x, y)$, continues et uniformes dans un domaine connexe T, ainsi que leurs dérivées du premier ordre, et vérifiant les relations

(1)
$$\frac{\partial u}{\partial x} = \frac{\partial v}{\partial y}, \qquad \frac{\partial u}{\partial y} = -\frac{\partial v}{\partial x},$$

pour tout point de ce domaine. On dit que l'expression

(2)
$$f(z) \equiv u(x, y) + i\, v(x, y)$$

représente une *fonction analytique de la variable complexe* $z \equiv x + iy$ qui est *holomorphe* dans le domaine T.

Désignons par Δu, Δv les accroissements que prennent $u(x, y)$, $v(x, y)$ lorsqu'on passe d'un point x, y de T à un point voisin $x+\Delta x$, $y+\Delta y$, et posons $h = \sqrt{\Delta x^2 + \Delta y^2}$;

on obtient aisément, en se servant des relations (1),

$$\Delta u + i\,\Delta v = \left(\frac{\partial u}{\partial x} + i\frac{\partial v}{\partial x}\right)(\Delta x + i\Delta y) + h\,(h),$$

ou bien, en posant $\Delta z = \Delta x + i\Delta y$, d'où $|\Delta z| = h$,

$$f(z+\Delta z) - f(z) = \left(\frac{\partial u}{\partial x} + i\frac{\partial v}{\partial x}\right)\Delta z + \Delta z\,(\Delta z),$$

(h), (Δz) tendant vers zéro avec h, Δz. La dernière égalité nous apprend que *la fonction $f(z)$ admet, pour chaque point du domaine T, une dérivée* UNIQUE

$$f'(z) = \frac{\partial u}{\partial x} + i\frac{\partial v}{\partial x},$$

qui reste continue dans T.

Inversement, étant donnée une fonction quelconque de z, continue et uniforme dans T et admettant, en chaque point de ce domaine, une dérivée unique qui y reste continue, on constate immédiatement qu'elle peut se mettre sous la forme (2), $u(x, y)$ et $v(x, y)$ jouissant des propriétés énoncées au début : c'est donc une fonction analytique de z, holomorphe dans le domaine T.

Cette seconde définition met en évidence que, si $f(z)$ et $\varphi(z)$ sont des fonctions analytiques, holomorphes dans un domaine donné, il en est de même de leurs somme, différence et produit, ainsi que de leur quotient, si le dénominateur ne s'annule pas dans le domaine.

2. Il nous semble commode de rattacher les propriétés fondamentales des fonctions analytiques au théorème suivant :

Toute fonction analytique $f(z)$, uniforme et holomorphe dans un domaine T à connexion simple, est la dérivée d'une autre fonction $F(z)$ jouissant des mêmes propriétés. Cette fonction intégrale $F(z)$ est déterminée à une constante additive près.

En posant $F(z) = U(x, y) + i\,V(x, y)$, la condition donnée : $F'(z) = f(z)$, ou bien $dF(z) = f(z)\,dz$, entraîne les deux suivantes :

$$\begin{cases} dU = u\,dx - v\,dy, \\ dV = v\,dx + u\,dy. \end{cases} \tag{3}$$

On est donc ramené à démontrer l'existence, dans le domaine T, d'une fonction intégrale continue et uniforme d'une *différentielle totale*

$$M(x, y)\,dx + N(x, y)\,dy, \tag{4}$$

les expressions $M(x, y)$ et $N(x, y)$ étant elles-mêmes continues et uniformes dans T, ainsi que leurs dérivées premières, et vérifiant en chaque point de ce domaine la *condition d'intégrabilité*

$$\frac{\partial M(x,y)}{\partial y} = \frac{\partial N(x,y)}{\partial x}.$$

On voit d'abord que, s'il existe deux fonctions intégrales jouissant des propriétés indiquées, leur différence se réduira nécessairement à une constante. En effet, les dérivées de cette différence étant nulles en chaque point de T, elle gardera une valeur constante sur tout segment de droite intérieur à T et parallèle à l'un ou l'autre des axes de coordonnées. Or deux points pris arbitrairement dans T peuvent toujours être reliés par une ligne composée de semblables segments.

Ayant fixé à l'intérieur de T un point x_0, y_0, imaginons que, pour atteindre un autre point x, y du même domaine, on chemine de x_0, y_0 parallèlement à l'axe des x jusqu'au point x, y_0, puis parallèlement à l'axe des y jusqu'au point considéré x, y. Cette ligne brisée sera comprise tout entière dans T si l'on suppose le point x, y intérieur à une certaine portion de ce domaine que nous désignerons par T_0.

Cela posé, en admettant qu'il existe une fonction continue et uniforme dont la différentielle totale soit égale à (4) et qui, au point x_0, y_0, se réduise à une constante donnée A, la valeur de cette fonction en un point quelconque x, y du domaine T_0 sera évidemment représentée par l'expression

$$F_0(x,y) \equiv A + \int_{x_0}^{x} M(x, y_0)\,dx + \int_{y_0}^{y} N(x,y)\,dy,$$

obtenue en ajoutant à la valeur initiale A les accroissements que prendra la fonction intégrale sur chacun des deux segments rectilignes qui relient les points x_0, y_0 et x, y.

Inversement, ayant formé l'expression ci-dessus, on constate immédiatement qu'elle définit, dans le domaine T_0, une fonction intégrale continue et uniforme de la différentielle (4). En effet, la chose est évidente pour ce qui concerne l'uniformité et la continuité et, en différentiant, on trouve de suite

$$\frac{\partial F_0(x,y)}{\partial y} = N(x,y),$$

puis, en utilisant la condition d'intégrabilité,

$$\frac{\partial F_0(x,y)}{\partial x} = M(x,y_0) + \int_{y_0}^{y} \frac{\partial N}{\partial x}\,dy = M(x,y_0) + \int_{y_0}^{y} \frac{\partial M}{\partial y}\,dy = M(x,y).$$

Le domaine T_0, où est définie l'expression $F_0(x, y)$, s'obtient en menant dans T certaines coupures parallèles à l'axe des y (dans la figure ci-dessous, où P_0 désigne le point x_0, y_0 et où T_0 est l'aire couverte de hachures, ce sont les coupures AA', BB' et CC'). Le domaine T étant, par hypothèse, à connexion simple, chacune de ces coupures en séparera une portion où, jusqu'à présent, la fonction intégrale n'est pas définie.

Fig. 1.

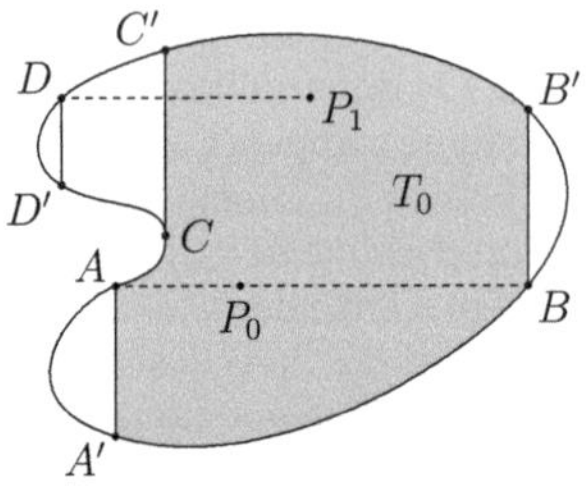

À l'intérieur de T_0, choisissons maintenant un point x_1, y_1 distinct de x_0, y_0 (dans la figure c'est le point P_1), et formons l'expression

$$F_1(x, y) \equiv F_0(x_1, y_1) + \int_{x_1}^{x} M(x, y_1)\, dx + \int_{y_1}^{y} N(x, y)\, dy,$$

analogue à $F_0(x, y)$ et prenant la même valeur que cette expression au point x_1, y_1. En raisonnant comme ci-dessus, on démontre que $F_1(x, y)$ représente une fonction intégrale continue et uniforme de la différentielle (4) dans une certaine portion T_1 du domaine T, qui aura en commun avec T_0 une aire $T_{0,1}$, comprenant le point x_1, y_1.

Je dis qu'on a $F_1(x, y) = F_0(x, y)$ pour tout point de l'aire $T_{0,1}$. En effet, d'après ce que nous avons dit plus haut, la différence des expressions F_1 et F_0 gardera dans cette aire une valeur constante, et, comme elles prennent la même valeur au point x_1, y_1, cette valeur constante est 0.

Or, si l'on a choisi convenablement le point x_1, y_1, le domaine T_1 renfermera aussi certaines aires extérieures à T_0 et qui en sont séparées par l'une des coupures (dans la figure, c'est l'aire comprise entre CC' et DD'). L'expression $F_1(x, y)$ sert alors à *prolonger* la fonction intégrale au delà des limites du domaine T_0, où elle était définie primitivement.

En continuant ce procédé, on pourra étendre de proche en proche le domaine d'existence de la fonction intégrale et, par un choix convenable des points x_0, y_0 ; x_1, y_1 ; ..., on arrivera même, en général, à représenter cette fonction, dans tout le domaine T, par un nombre fini d'expressions $F_0(x, y)$, $F_1(x, y)$, ... Il n'en est plus ainsi dans les cas où le contour de T présente des singularités d'un certain genre, mais cela a peu d'importance, car, dans la suite, nous resterons essentiellement dans l'intérieur de ce domaine.

En retournant maintenant aux conditions (3), nous pouvons affirmer qu'elles définissent dans le domaine T des fonctions continues et uniformes $U(x, y)$, $V(x, y)$, déterminées à des constantes additives près, et, par suite, l'expression

$$F(z) \equiv U(x, y) + i\,V(x, y)$$

nous donne bien une fonction intégrale de $f(z)$, uniforme et holomorphe dans le domaine donné et renfermant une constante arbitraire.

3. Prenons à l'intérieur du domaine T deux points quelconques, $z_0 \equiv x_0 + iy_0$ et $z \equiv x + iy$, et joignons-les par un chemin continu S, n'ayant aucun point commun avec le contour de T ; puis choisissons sur ce chemin une suite de points, z_1, $z_2, \dots, z_n$, se succédant dans la direction de z_0 à z. On appelle *intégrale définie de la fonction $f(z)$, prise le long du chemin S de z_0 à z*, et l'on dénote par

$$\int_{z_0(S)}^{z} f(z)\,dz$$

la limite vers laquelle tend la somme

$$\sum_0^n f(z_\nu)(z_{\nu+1} - z_\nu), \qquad (z_{n+1} = z),$$

lorsque n croît indéfiniment, en même temps que la distance entre deux points consécutifs z_ν quelconques tend vers zéro.

Or, en posant $z_\nu = x_\nu + iy_\nu$, $u_\nu = u(x_\nu, y_\nu)$, $v_\nu = v(x_\nu, y_\nu)$, la somme en question s'écrit

$$\sum_0^n \Big[u_\nu(x_{\nu+1} - x_\nu) - v_\nu(y_{\nu+1} - y_\nu)\Big] + i \sum_0^n \Big[v_\nu(x_{\nu+1} - x_\nu) + u_\nu(y_{\nu+1} - y_\nu)\Big]$$

et, lorsque n augmente indéfiniment, cette expression tend vers la limite

$$\int_{x_0, y_0(S)}^{x, y} (u\,dx - v\,dy) + i \int_{x_0, y_0(S)}^{x, y} (v\,dx + u\,dy),$$

laquelle, en vertu des égalités (3), se réduit à son tour à

$$U(x,y) - U(x_0,y_0) + i\left[V(x,y) - V(x_0,y_0)\right],$$

c'est-à-dire à $F(z) - F(z_0)$. Toutes ces conclusions découlent immédiatement de la notion d'intégrale curviligne, si l'on admet que le chemin S se compose d'un nombre fini d'arcs de courbes continues à tangente continue, hypothèse qui suffit complètement aux besoins de la théorie des fonctions.

Nous avons donc trouvé

$$\int_{z_0(S)}^{z} f(z)\,dz = F(z) - F(z_0), \tag{5}$$

et cette égalité renferme deux résultats d'une importance capitale : comme le second membre ne dépend que des limites z_0 et z de l'intégrale, il en résulte d'abord que :

L'intégrale $\int f(z)\,dz$, *prise entre des limites fixes, ne change pas de valeur, de quelque manière qu'on fasse varier le chemin d'intégration, à condition que ce chemin reste constamment intérieur à un domaine où la fonction* $f(z)$ *est holomorphe.*

D'autre part, si les extrémités z_0 et z du chemin S se rapprochent jusqu'à se confondre, le second membre de l'égalité (5) tendra vers zéro, d'où celle nouvelle conclusion :

L'intégrale $\int f(z)\,dz$ *s'évanouit toutes les fois qu'on prend pour chemin d'intégration un contour fermé, compris dans un domaine simplement connexe où la fonction* $f(z)$ *est holomorphe* ([1]).

---

1. On rattache généralement ce théorème à la formule

$$\iint_T \left(\frac{\partial N}{\partial x} - \frac{\partial M}{\partial y}\right) dx\,dy = \int_C (M\,dx + N\,dy),$$

les fonctions $M(x,y)$ et $N(x,y)$, ainsi que leurs dérivées premières, étant continues et uniformes dans le domaine T et sur son contour C.

Dans son *Mémoire sur les intégrales définies* de l'année 1814 (*Œuvres complètes*, série I, t. 1), Cauchy s'est servi de cette formule dans le cas où le domaine est un rectangle ou s'y ramène par une transformation bi-uniforme des coordonnées. C'est la même méthode qu'a adoptée Kronecker dans une Note insérée dans les *Monatsberichte der Akademie der Wissenschaften zu Berlin*, 1880, p. 688, et qu'on trouve développée dans le Chapitre III de ses Leçons sur les intégrales définies, publiées par M. Netto.

D'autre part, on trouve dans le *Mémoire sur les rapports qui existent entre le calcul des résidus et le calcul des limites*, que Cauchy avait présenté à l'Académie de Turin le 27 novembre 1831 et

Supposons maintenant la fonction $f(z)$ uniforme et holomorphe dans un domaine T à connexion multiple, et soient C, C' des contours fermés, intérieurs à T et pouvant se réduire l'un à l'autre par une déformation continue, sans sortir jamais de ce domaine. Je dis qu'on aura

$$\int_C f(z)\,dz = \int_{C'} f(z)\,dz.$$

En effet, si C et C' se coupent, les parties de ces contours comprises entre deux points d'intersection consécutifs correspondent à la même valeur de l'intégrale $\int f(z)\,dz$, en vertu du théorème de la page 6, d'où résulte l'égalité ci-dessus. Si les courbes C et C' sont intérieures l'une à l'autre et si on les joint par une coupure, les deux bords de celle-ci formeront avec lesdites courbes le contour complet d'un domaine simplement connexe où $f(z)$ est holomorphe. L'intégrale $\int f(z)\,dz$ étendue à ce contour est donc égale à *zéro* et, comme les parties de l'intégrale relatives aux deux bords de la coupure se détruisent, on en déduit bien l'égalité voulue. Donc :

Si la fonction $f(z)$ est uniforme et holomorphe dans un domaine donné T à connexion quelconque, l'intégrale $\int f(z)\,dz$, étendue à un contour fermé situé dans T, garde une valeur invariable lorsque ce contour se déforme d'une manière continue, en restant constamment intérieur à T.

4. Soient $f(z)$ une fonction analytique, holomorphe dans un domaine T à connexion simple, C une courbe fermée située dans T et ne se coupant pas elle-même, x un point intérieur à C et c un cercle de centre x et intérieur à C. Le théorème ci-dessus nous donne

$$\int_C \frac{f(z)}{z-x}\,dz = \int_c \frac{f(z)}{z-x}\,dz,$$

les contours C et c étant parcourus tous deux dans le sens direct. Or, si l'on pose $z-x = r\,e^{i\varphi}$, r étant le rayon du cercle c, cette dernière intégrale prendra la forme

$$i\int_0^{2\pi} f(x + r\,e^{i\varphi})\,d\varphi,$$

d'où l'on conclut qu'elle tend vers $2\pi i\,f(x)$ lorsque r s'annule. Comme elle est, d'autre part, indépendante de r, toujours en vertu du même théorème, sa valeur

dont un extrait assez étendu a été publié dans le *Bulletin de Férussac*, t. XVI, 1831, p. 116–128, une démonstration du théorème ci-dessus, fondée sur les mêmes principes et *parfaitement générale*.

Enfin, dans une Note du 3 août 1846, intitulée *Sur les intégrales qui s'étendent à tous les points d'une courbe fermée* (*Œuvres*, série I, t. X, p. 70), Cauchy a généralisé notablement les résultats qu'il avait obtenus antérieurement.

sera précisément $2\pi i\, f(x)$. Par suite, l'égalité ci-dessus nous donne la formule fondamentale

$$f(x) = \frac{1}{2\pi i}\int_C \frac{f(z)}{z-x}\,dz, \tag{6}$$

qui aura lieu pour tout point x intérieur à C.

On en conclut d'abord, par la définition même de la dérivée, que la fonction $f(x)$ admet dans son domaine d'holomorphie des dérivées de tous les ordres et que l'on a, à l'intérieur de C,

$$f^{(\nu)}(x) = \frac{\nu!}{2\pi i}\int_C \frac{f(z)\,dz}{(z-x)^{\nu+1}}. \tag{7}$$

Prenons maintenant un point quelconque, a, intérieur à C et distinct de x, et posons

$$\frac{1}{z-x} \equiv \frac{1}{z-a-(x-a)} = \sum_0^{n-1} \frac{(x-a)^\nu}{(z-a)^{\nu+1}} + \left(\frac{x-a}{z-a}\right)^n \frac{1}{z-x}.$$

La formule (6) deviendra, en tenant compte de l'égalité (7),

$$f(x) = \sum_0^{n-1} \frac{f^{(\nu)}(a)}{\nu!}(x-a)^\nu + \frac{1}{2\pi i}\int_C \left(\frac{x-a}{z-a}\right)^n \frac{f(z)}{z-x}\,dz. \tag{8}$$

Soient M le maximum de $|f(z)|$ sur C, S la longueur totale de ce contour, R la plus courte distance du point a à C, R' un nombre positif inférieur à R, et supposons $|x-a| \leqq R'$. Le dernier terme de l'égalité ci-dessus aura son module inférieur à

$$\frac{MS}{2\pi(R-R')}\left(\frac{R'}{R}\right)^n,$$

et comme cette quantité s'annule lorsque n croît indéfiniment, on arrive à cette conclusion que, pour $|x-a| \leqq R'$, la fonction $f(x)$ est représentée par son *développement de Taylor*

$$f(x) = \sum_0^{\infty} \frac{f^{(\nu)}(a)}{\nu!}(x-a)^\nu. \text{ (}^{\dagger}\text{)}$$

($\dagger$) *Voir Note 1.*

Comme R' était un nombre quelconque inférieur à R et C un contour quelconque compris dans T, cette égalité subsiste dans le cercle de centre a et tangent intérieurement au contour de T ([1]).

5. Passons au *théorème de Laurent*. Nous supposons la fonction $f(z)$ uniforme et holomorphe à l'intérieur et sur le contour de la couronne comprise entre deux cercles concentriques, C et c, de centre a. Prenons dans cette couronne un point arbitraire, x, et joignons C et c par une coupure ne passant pas par ce point. On aura un domaine simplement connexe où $f(z)$ est holomorphe, contour compris, et l'on pourra donc appliquer la formule (6) en y étendant l'intégrale au contour complet de ce domaine. Or, comme $f(z)$ est uniforme dans la couronne envisagée, les intégrales relatives aux deux bords de la coupure se détruisent, de sorte que nous trouvons

$$f(x) = \frac{1}{2\pi i}\int_C \frac{f(z)}{z-x}\,dz - \frac{1}{2\pi i}\int_c \frac{f(z)}{z-x}\,dz,$$

les contours C et c étant tous deux parcourus dans le sens direct.

En raisonnant comme ci-dessus, on trouve d'abord *pour tout point x intérieur au cercle C,*

$$\frac{1}{2\pi i}\int_C \frac{f(z)}{z-x}\,dz = \sum_0^\infty A_\nu (x-a)^\nu,$$

1. Cauchy a établi pour la première fois ce théorème dans son *Mémoire sur la Mécanique céleste et sur un nouveau calcul appelé Calcul des limites*, qu'il présenta à l'Académie de Turin le 11 octobre 1831, et dont un résumé fut inséré la même année dans le *Bulletin de Férussac*, t. XV, p. 260–269. La partie la plus importante de ce travail, qui marque un des plus grands progrès qui aient jamais été réalisés dans l'Analyse, se trouve reproduite dans le Tome II des *Exercices d'Analyse* (1841).

Quant aux formules (6) et (7), il y avait longtemps que Cauchy les avait tirées du calcul des résidus, dans le cas particulier où le contour C se réduit à un cercle de rayon *un*. *Voir*, par exemple, *Bulletin de la Société Philomathique*, 1822; *Annales de Gergonne*, t. XVII, p. 114, et un article de la première année (1826) des *Exercices de Mathématiques* (*Œuvres*, série II, t. VI, p. 270–271).

D'ailleurs, ces formules avaient déjà été remarquées par d'autres auteurs, notamment par Frullani et Poisson, qui y étaient arrivés *en partant de la série de Taylor*. Mais, dans cet ordre d'idées, on doit surtout citer Parseval, auteur peu connu de notre temps, mais dont les travaux vraiment remarquables : *Méthode générale pour sommer, par le moyen des intégrales définies, la suite donnée par Lagrange, et Mémoire sur les séries et sur l'intégration complète d'une équation aux différences partielles linéaires du second ordre, à coefficients constants* (*Mémoires présentés par divers savants*, série I, t. I, 1806) ont exercé une grande influence sur les analystes du commencement du siècle dernier, et tout particulièrement sur Cauchy (*voir*, par exemple, *Œuvres*, série II, t. VI, p. 275).

Les remarques qui précèdent pourront servir à compléter ou à corriger, sur différents points, les intéressants articles que vient de publier M. Stäckel sur l'histoire de la Théorie des fonctions (*Bibliotheca Mathematica*, série III, t. I, p.109–128 et t. II, p. 111–121).

avec

$$A_\nu = \frac{1}{2\pi i}\int_L \frac{f(z)\,dz}{(z-a)^{\nu+1}}.$$

En vertu du théorème de la page 7, il est permis de prendre pour contour d'intégration dans cette dernière intégrale, soit l'une des circonférences C et c, soit une courbe fermée quelconque, L, intérieure à C et enveloppant c, et ne se coupant pas elle-même.

D'autre part, en écrivant

$$-\frac{1}{z-x} \equiv \frac{1}{x-a-(z-a)} = \sum_1^n \frac{(z-a)^{\nu-1}}{(x-a)^\nu} + \left(\frac{z-a}{x-a}\right)^n \frac{1}{x-z},$$

et en observant que, si $|x-a|$ est supérieur au rayon du cercle c, l'intégrale

$$\frac{1}{2\pi i}\int_c \left(\frac{z-a}{x-a}\right)^n \frac{f(z)\,dz}{x-z}$$

s'évanouit pour $n=\infty$, on trouve le développement

$$-\frac{1}{2\pi i}\int_c \frac{f(z)}{z-x}\,dz = \sum_1^\infty \frac{B_\nu}{(x-a)^\nu},$$

où

$$B_\nu = \frac{1}{2\pi i}\int_L f(z)(z-a)^{\nu-1}\,dz, \tag{9}$$

et qui reste valable *pour tout point x extérieur au cercle c.*

On aura, dès lors, dans la couronne comprise entre C et c,

$$f(x) = \sum_0^\infty A_\nu (x-a)^\nu + \sum_1^\infty \frac{B_\nu}{(x-a)^\nu}, \tag{10}$$

égalité qui constitue précisément le théorème de Laurent.

6. Admettons, en particulier, que la fonction $f(z)$ est uniforme et holomorphe pour tout point du cercle C, excepté le centre a. Le raisonnement qui précède restera vrai quelque petit qu'on prenne le rayon du cercle c, et les valeurs des coefficients A_ν, B_ν seront toujours les mêmes. Donc, la fonction $f(x)$ sera représentée par le développement (10) pour tout point x intérieur à C et distinct du point a.

Quant au caractère que présente la fonction $f(x)$ dans le voisinage du point a, deux cas sont *a priori* possibles : ou il existe un entier n tel que, dans le cercle C, le module du produit $(x-a)^n f(x)$ reste inférieur à un nombre fini, M, ou bien un tel entier n'existe pas.

Considérons d'abord le premier cas, et admettons que n est précisément le plus petit entier satisfaisant à la condition indiquée. En faisant $\nu = n + k$ et en prenant pour contour d'intégration un cercle de centre a et de rayon r, on déduit de l'égalité (9)

$$|B_{n+k}| < M r^k,$$

et, comme $M r^k$ s'annule avec r, pour $k \geqq 1$, tandis que les valeurs des coefficients B ne dépendent pas de r, il en résulte que $B_{n+1} = B_{n+2} = \cdots = 0$. Donc, le développement (10) ne comprend qu'*un nombre fini de termes à puissances négatives* (1) :

$$f(x) = \frac{B_n}{(x-a)^n} + \frac{B_{n-1}}{(x-a)^{n-1}} + \cdots + \frac{B_1}{x-a} + \sum_0^\infty A_\nu (x-a)^\nu.$$

On aura d'ailleurs $B_n \neq 0$, sans quoi le produit $(x-a)^{n-1} f(x)$ resterait fini dans le voisinage du point a, contrairement à l'hypothèse.—On dit, dans ce cas, que le point a est *un pôle d'ordre n* pour la fonction $f(x)$.

Inversement, si a est un pôle de $f(x)$, il existe évidemment un entier n jouissant de la propriété indiquée plus haut. Donc, dans le cas où un tel entier n'existe pas, la partie fractionnaire du développement (10) comprendra une infinité de termes, et réciproquement. Alors, le point a est dit *point singulier essentiel* pour la fonction donnée.

Le coefficient B_1 de la première puissance négative dans le développement (10) s'appelle *le résidu de la fonction $f(x)$ relatif au point singulier $x = a$* (2). D'après (9), on a

$$B_1 = \frac{1}{2\pi i} \int_L f(z)\, dz,$$

1. Cf. *Œuvres de Cauchy*, série I, t. XI, 1851, p. 384.

2. Ce terme a été employé par Cauchy pour la première fois, à ce qu'il semble, dans un Mémoire présenté à l'Académie des Sciences le 28 décembre 1825 (voir p. XIII de l'analyse des travaux de l'Académie pendant l'année 1825, par Fourier), puis dans les *Exercices de Mathématiques*. Mais la notion de résidu est au fond identique à celle d'*intégrale singulière* que Cauchy avait introduite dans son Mémoire de 1814, et qui se trouve exposée avec beaucoup de précision dans ses *Leçons sur le Calcul infinitésimal* de l'année 1823 (*Œuvres*, série II, t. IV 34e leçon).

Cauchy est bien des fois revenu sur les notions fondamentales du Calcul des résidus, cherchant à les préciser et à les simplifier autant que possible. *Voir*, en particulier, *Œuvres*, série I, t. XI, 1851, p. 306–314 ; t. XII, 1855, p. 300–301 et 1857, p. 433–444.

L étant un contour fermé simple intérieur à C et enveloppant le point a. Si a est un pôle simple, on aura aussi cette autre définition :

$$B_1 = \lim_{x=a}(x-a)f(x).$$

Remarquons encore que le résidu B_1 s'évanouit si $f(z)$ est la dérivée d'une fonction qui reste uniforme dans le voisinage du point a, ce qui résulte immédiatement de l'égalité (5), page 6.

7. Supposons maintenant la fonction $f(x)$ holomorphe et uniforme dans la région du plan qui est extérieure à un certain cercle c ayant l'origine comme centre. On aura *pour tout point de cette région*

$$f(x) = \sum_0^\infty A_\nu x^\nu + \sum_1^\infty \frac{B_\nu}{x^\nu} \tag{11}$$

avec

$$A_\nu = \frac{1}{2\pi i}\int_L \frac{f(z)}{z^{\nu+1}}\,dz, \qquad B_\nu = \frac{1}{2\pi i}\int_L f(z)z^{\nu-1}\,dz,$$

L étant un contour fermé simple enveloppant le cercle c. En effet, en vertu du théorème de Laurent, cette égalité a lieu dans la couronne comprise entre c et un cercle concentrique C, enveloppant le contour L et d'ailleurs aussi grand qu'on voudra.

Nous avons ici encore à distinguer deux cas :

Admettons d'abord qu'il existe un entier n tel que le module $|z^{-n}f(z)|$ reste inférieur à une limite finie, quelque grand que soit $|z|$, et soit d'ailleurs n le plus petit entier satisfaisant à cette condition. On en conclut, par un raisonnement analogue à celui du n° 6, $A_{n+1} = A_{n+2} = \cdots = 0$, $A_n \neq 0$, de sorte que x^n est la puissance la plus élevée de x qui figure dans le développement (11). On convient de dire, dans ce cas, que *le point à l'infini est pour $f(x)$ un pôle d'ordre n.* Si, en particulier, $|f(z)|$ reste au-dessous d'une limite finie, à partir d'une certaine valeur de $|z|$, le développement (11) ne comprendra aucune puissance positive de x ; alors *la fonction $f(x)$ est holomorphe à l'infini.*

Dans le cas où il n'existe pas d'entier n vérifiant la condition indiquée, le développement (11) comprendra au contraire une infinité de termes à puissances positives, et le point à l'infini est dit *point singulier essentiel* pour $f(x)$.

On convient d'appeler *résidu de la fonction $f(x)$ relatif au point* ∞ l'expression

$$-B_1 = \frac{1}{2\pi i}\int_L f(z)\,dz,$$

l'intégrale étant prise le long du contour L dans le sens *indirect* par rapport à l'origine ou, ce qui revient au même, dans le sens direct par rapport au point ∞. Remarquons que *ce résidu est nul dans le cas où le produit* $z\,f(z)$ *tend uniformément vers zéro avec* $\frac{1}{z}$, c'est-à-dire où l'inégalité $|z\,f(z)| < \varepsilon$, quelque petit qu'on se donne ε, est vérifiée dès que $|z|$ dépassera une certaine limite finie. En effet, en prenant pour contour L un cercle ayant l'origine comme centre et dont le rayon est supérieur à cette même limite, on trouvera $|B_1| < \varepsilon$, d'où il suit $B_1 = 0$.

8. Soit une fonction analytique $f(z)$ qui, dans un domaine donné à connexion simple, est uniforme et ne présente qu'un nombre fini de points singuliers, a_1, a_2, ..., a_n, en étant d'ailleurs holomorphe sur le contour C de ce domaine. Entourons les points a de petites courbes fermées, $c_1, c_2, \ldots, c_n$, extérieures les unes aux autres mais intérieures à C, et joignons chacune de ces courbes avec C par une coupure. Un raisonnement analogue à celui du n° 5 nous donnera

$$\frac{1}{2\pi i}\int_C f(z)\,dz = \sum_1^n \frac{1}{2\pi i}\int_{c_\nu} f(z)\,dz,$$

tous les contours étant parcourus dans le sens direct. Or le second membre est égal à la somme des résidus de la fonction $f(z)$ relatifs à ses points singuliers intérieurs au contour C, et, en désignant avec Cauchy cette somme par $\mathcal{E}_C\big(f(z)\big)$, on pourra donc écrire l'égalité précédente sous la forme

$$\frac{1}{2\pi i}\int_C f(z)\,dz = \mathcal{E}_C\big(f(z)\big). \tag{12}$$

C'est la formule sur laquelle repose tout le calcul des résidus ([1]).

Dans le cas où la fonction $f(z)$ est uniforme et holomorphe dans la région extérieure au contour C, le premier membre de (12) est égal au résidu de cette fonction au point ∞ pris avec le signe *moins*, d'où cette proposition :

La somme de tous les résidus d'une fonction analytique, uniforme dans tout le plan et n'ayant qu'un nombre fini de points singuliers, est égale à zéro.

Soit, en particulier, une fonction $f(z)$, holomorphe dans tout le plan et dont le module reste inférieur à une certaine quantité finie, quel que soit z, et considérons l'expression

$$F(z) \equiv \frac{f(z)}{(z-x)(z-y)},$$

1. Sous cette forme générale, la formule (12) a été établie par Cauchy dans le Mémoire du 27 novembre 1831 et publiée la même année dans le *Bulletin de Férussac* (Cf. la note p. 7).

x et y étant deux points distincts pris au hasard. Comme $z\,F(z)$ tend uniformément vers zéro avec $\frac{1}{z}$, le résidu de $F(z)$ à l'infini est égal à zéro, d'après la remarque faite page 12. En vertu de la proposition ci-dessus, il en est donc de même de la somme des résidus de $F(z)$ relatifs aux points x et y et, comme cette somme s'écrit $\frac{f(x)-f(y)}{x-y}$, il en résulte $f(x) = f(y)$. Donc *la fonction $f(z)$ se réduit à une constante* ([1]).

En reprenant les hypothèses et les notations adoptées au début de ce numéro, appliquons maintenant la formule (12) à la fonction

$$\frac{f(z)}{z-x},$$

x étant un point quelconque intérieur au contour C et distinct des points a_1, a_2, $\ldots$, a_n. Le résidu de cette fonction au point x est égal à $f(x)$. Pour trouver le résidu relatif à a_ν, écrivons

$$f(z) = G_\nu\left(\frac{1}{z-a_\nu}\right) + H_\nu(z-a_\nu),$$

G_ν désignant la partie fractionnaire et H_ν la partie entière du développement de $f(z)$ suivant les puissances de $z - a_\nu$. Comme H_ν est holomorphe au point a_ν, on voit d'abord que $\frac{f(z)}{z-x}$ aura en ce point le même résidu que l'expression

$$\Phi(z) \equiv \frac{1}{z-x} G_\nu\left(\frac{1}{z-a_\nu}\right).$$

Or celle-ci n'a d'autres points singuliers que $z = x$ et $z = a_\nu$, et, comme $z\,\Phi(z)$ tend uniformément vers zéro avec $\frac{1}{z}$, son résidu à l'infini est nul. En vertu de la proposition démontrée page 13, le résidu cherché est donc égal au résidu de $\Phi(z)$ au point x pris avec le signe *moins*, c'est-à-dire à $-G_\nu\left(\frac{1}{x-a_\nu}\right)$, et par suite la formule (12) nous donnera

$$f(x) = \sum_1^n G_\nu\left(\frac{1}{x-a_\nu}\right) + \frac{1}{2\pi i}\int_C \frac{f(z)}{z-x}\,dz, \tag{13}$$

1. Cf. CAUCHY, *Œuvres complètes*, série I, t. VIII. 1844, p. 366–375. Dans cette Note, Cauchy démontre également qu'une fonction $f(z)$, holomorphe dans tout le plan et telle qu'on ait $\left|\frac{f(z)}{z^n}\right| < M$ à partir d'une certaine valeur de $|z|$, se réduit à un polynôme d'un degré $\leqq n$. Plus tard (*Ibid.*, t. XI, 1851, p. 376–380), il a tiré de la formule (13) du texte l'expression générale d'une fonction uniforme n'ayant qu'un nombre fini de points singuliers, et montré, en particulier, que toute fonction n'ayant d'autres singularités que des pôles se réduit à une fraction rationnelle.

autre formule fondamentale du Calcul des résidus dont Cauchy a fait un usage continuel dans ses recherches.

9. Nous devons rappeler le principe fondamental du prolongement analytique, dont nous aurons constamment à faire usage dans cet Ouvrage.

Si les fonctions $f_1(x)$ et $f_2(x)$ sont holomorphes dans une aire connexe T, et si l'égalité $f_1(x) = f_2(x)$ est vérifiée sur un segment de courbe arbitrairement petit γ intérieur à T, elle subsistera pour tout point de cette aire ([1]).

D'un point a du segment γ comme centre, décrivons un cercle C ayant pour rayon la plus courte distance de ce point au contour de l'aire T. À l'intérieur de ce cercle, les fonctions $f_1(x)$ et $f_2(x)$ sont représentées par leurs développements de Taylor :

$$f_1(x) = \sum A_\nu^{(1)}(x-a)^\nu, \quad f_2(x) = \sum A_\nu^{(2)}(x-a)^\nu.$$

Je dis que ces développements sont identiques, c'est-à-dire que l'on a $A_\nu^{(1)} = A_\nu^{(2)}$ pour chaque indice ν.

Supposons, en effet, qu'il n'en soit pas ainsi, et soit n le plus petit entier pour lequel l'égalité précédente n'ait pas lieu. On aurait, en posant pour abréger $A_\nu^{(1)} - A_\nu^{(2)} = A_\nu$,

$$f_1(x) - f_2(x) = (x-a)^n\left[A_n + A_{n+1}(x-a) + \dots\right] \quad (A_n \neq 0),$$

et l'on pourrait donc trouver un nombre positif r assez petit pour que cette différence ne s'annule pour aucun point du domaine $0 < |x-a| < r$. Or ceci est impossible, puisque le domaine dont il s'agit renferme une partie du segment γ.

On a donc $f_1(x) = f_2(x)$ pour tout point du cercle C. En prenant maintenant un point quelconque b intérieur à C, on démontre par le même raisonnement que cette égalité subsiste dans le cercle ayant b pour centre et tangent intérieurement

---

1. Dans une Note de Cauchy du 17 février 1845 (*Œuvres*, série I, t. IX, p. 39) on trouve le principe en question énoncé en ces termes :

Supposons que deux fonctions de x soient toujours égales entre elles pour des valeurs de x très voisines d'une valeur donnée. Si l'on vient à faire varier x par degrés insensibles, ces deux fonctions seront encore égales tant qu'elles resteront l'une et l'autre fonctions continues de x (c'est-à-dire *holomorphes*, d'après la terminologie actuelle).

Cauchy avait été conduit à ce résultat, qu'il énonce d'ailleurs aussi pour les fonctions de plusieurs variables, en généralisant une proposition établie par Cellérier, dans une *Note relative à la théorie des imaginaires*, qui semble n'avoir jamais été publiée (Cf. le Rapport de Cauchy, *Œuvres*, série I, t. VIII, 1844, p. 160–162).

Cependant Cauchy n'a pas tiré d'applications de son principe, et c'est à Riemann et à Weierstrass que revient l'honneur d'avoir les premiers mis en évidence l'importance et la fertilité de la notion de prolongement analytique.

au contour de T et, en continuant ce procédé, on arrivera évidemment à l'établir pour un point quelconque de l'aire T.

10. En terminant ce Chapitre, nous démontrerons un théorème général dû à Weierstrass ([1]) et qui joue un rôle très important dans la théorie des fonctions :

Soit une suite indéfinie de fonctions analytiques, $u_1(x)$, $u_2(x)$, ..., *holomorphes dans une aire connexe T et sur son contour C, et supposons que la série*

$$F(x) = u_1(x) + u_2(x) + \cdots + u_\nu(x) + \cdots \tag{14}$$

converge uniformément sur C ([2]) *; la somme* $F(x)$ *de cette série représentera une fonction analytique holomorphe dans le domaine T, et la dérivée d'un ordre quelconque de cette fonction s'obtiendra en faisant la somme des dérivées du même ordre de chaque terme de la série.*

La formule (6) nous donne, pour tout point x intérieur à C et pour chaque indice ν,

$$u_\nu(x) = \frac{1}{2\pi i} \int_C \frac{u_\nu(z)}{z - x} dz,$$

et, comme l'intégrale d'une série uniformément convergente est égale à la somme des intégrales de chacun de ses termes, on en déduit immédiatement que la série (14) converge au point x et que sa somme est donnée par l'égalité

$$F(x) = \frac{1}{2\pi i} \int_C \frac{F(z)}{z - x} dz, \tag{15}$$

dont le second membre représente bien une fonction analytique de la variable x qui est holomorphe dans le domaine T.

La seconde partie du théorème se démontre de même en partant de la formule (7) qui nous donne, pour tout point x intérieur à C,

$$u_\nu^{(n)}(x) = \frac{n!}{2\pi i} \int_C \frac{u_\nu(z)\, dz}{(z - x)^{n+1}}.$$

---

1. *Monatsberichte der Akademie der Wissenschaften zu Berlin*, 1880.

2. Cette condition implique que, ayant fixé un nombre positif arbitrairement petit ε, on pourra trouver un entier n tel qu'on ait

$$\left| \sum_n^{n+p} u_\nu(x) \right| < \varepsilon$$

pour tout point du contour C, et quel que soit l'entier positif p. Or on sait, par une propriété bien connue des fonctions analytiques, que la plus grande valeur que prend le premier membre de cette inégalité sur le contour C est supérieure à sa valeur en un point quelconque intérieur à ce contour. Il en résulte que, si la série (14) est uniformément convergente sur le contour C, elle l'est aussi dans tout le domaine T, contour compris.

En effet, on en déduit l'égalité

$$\sum_{\nu=1}^{\infty} u_\nu^{(n)}(x) = \frac{n!}{2\pi i}\int_C \frac{F(z)\,dz}{(z-x)^{n+1}},$$

dont le second membre, d'après (15), est bien égal à $F^{(n)}(x)$.

On se convainc d'ailleurs aisément que la série figurant au premier membre de cette dernière égalité est uniformément convergente dans toute aire intérieure au domaine T et n'ayant aucun point commun avec son contour.

CHAPITRE II.

APPLICATIONS DIVERSES DU CALCUL DES RÉSIDUS.

I. — *Fonctions symétriques des racines d'une équation. Développement des fonctions implicites.*

11. Soit une fonction analytique, $f(x)$, uniforme et n'ayant d'autres singularités que des pôles dans un domaine donné T, holomorphe et différente de zéro sur le contour C de ce domaine.

Le nombre des pôles intérieurs à T est nécessairement fini, car, dans le cas contraire, ils admettraient au moins un point limite faisant partie de T, et qui serait pour $f(x)$ un point singulier d'un caractère autre que les pôles. Nous désignerons les pôles en question par $b_1, b_2, \ldots, b_\nu$, et leurs ordres par $\beta_1, \beta_2, \ldots, \beta_\nu$.

On voit de même que la fonction $f(x)$, à moins qu'elle ne soit identiquement nulle, ne saurait avoir dans T qu'un nombre fini de zéros, $a_1, a_2, \ldots, a_\mu$; soient $\alpha_1, \alpha_2, \ldots, \alpha_\mu$ leurs ordres.

Considérons le quotient $\frac{f'(x)}{f(x)}$. C'est évidemment une fonction holomorphe en tout point de T distinct des points a et b. Dans le voisinage du point a_k, on aura ([1])

$$f(x) = A(x - a_k)^{\alpha_k}\left[1 + (x - a_k)\mathfrak{p}(x - a_k)\right],$$

A étant une constante non nulle ; il en résulte

$$\frac{f'(x)}{f(x)} = \frac{\alpha_k}{x - a_k} + \mathfrak{p}(x - a_k).$$

Un calcul analogue nous donne, dans le voisinage du point b_k,

$$\frac{f'(x)}{f(x)} = -\frac{\beta_k}{x - b_k} + \mathfrak{p}(x - b_k).$$

1. Nous désignons par $\mathfrak{p}(t)$ une série entière qui converge dans un certain voisinage de la valeur $t = 0$, et qui d'ailleurs n'est pas la même dans les diverses égalités ci-dessus.

Cela posé, soit $F(x)$ une fonction quelconque, holomorphe dans T et sur C. D'après les égalités ci-dessus, les résidus de l'expression $F(x)\frac{f'(x)}{f(x)}$ relatifs aux points a_k et b_k seront respectivement égaux à $\alpha_k F(a_k)$ et à $-\beta_k F(b_k)$, et la formule (12), page 13, nous permet donc d'écrire ce résultat :

$$\sum_1^\mu \alpha_k F(a_k) - \sum_1^\nu \beta_k F(b_k) = \frac{1}{2\pi i}\int_C F(x)\frac{f'(x)}{f(x)}\,dx. \tag{1}$$

Si, en particulier, la fonction $f(x)$ est holomorphe dans le domaine T et n'y admet que des zéros simples, $x_1, x_2, \ldots, x_m$, on aura

$$F(x_1) + F(x_2) + \cdots + F(x_m) = \frac{1}{2\pi i}\int_C F(x)\frac{f'(x)}{f(x)}\,dx. \tag{2}$$

Cette formule restera d'ailleurs valable dans le cas où $f(x)$ présente des zéros multiples, si, comme nous le ferons dès à présent, on convient d'écrire, dans la suite $x_1, x_2, \ldots, x_m$, chaque zéro autant de fois que l'indique son ordre. (1)

12. Pour $F(x) = 1$, la formule (1) s'écrit

$$\sum_1^\mu \alpha_k - \sum_1^\nu \beta_k = \frac{1}{2\pi i}\int_C \frac{f'(x)}{f(x)}\,dx.$$

Soient R et Φ le module et l'argument de la fonction $f(x)$, de sorte que $f(x) = R\,e^{i\Phi}$; on aura

$$\frac{f'(x)}{f(x)}\,dx = \frac{df(x)}{f(x)} = \frac{dR}{R} + i\,d\Phi = d\log R + i\,d\Phi,$$

et, par suite,

$$\frac{1}{2\pi i}\int_C \frac{f'(x)}{f(x)}\,dx = \frac{1}{2\pi i}\int_C d\log R + \frac{1}{2\pi}\int_C d\Phi.$$

Or le premier terme de cette somme est nul, puisque la fonction $\log R$ est uniforme sur C, et le second terme est égal à $\frac{\Delta\Phi}{2\pi}$, en désignant par $\Delta\Phi$ l'accroissement total

1. La formule (2) a été donnée par Cauchy, pour le cas où le contour C est un rectangle ou s'y ramène par une transformation bi-uniforme des coordonnées, dans le *Journal de l'École Polytechnique*, Cahier XIX, 1823, p. 580. *Voir* aussi *Œuvres de Cauchy*, série II, t. VI, 1826, p. 401–421. Mais les idées de Cauchy sur ce sujet remontent, à ce qu'il semble, à un Mémoire *Sur la résolution des équations par le moyen des intégrales définies*, qu'il avait présenté à l'Académie le 22 novembre 1819, mais qui n'a pas été publié.

que reçoit l'argument Φ lorsque le point x décrit le contour C dans le sens direct. Nous arrivons donc au théorème suivant, qui joue un rôle important en Analyse, et qu'on peut d'ailleurs établir d'une manière élémentaire :

Si une fonction $f(x)$ est uniforme et ne présente d'autres singularités que des pôles dans un domaine donné T, en étant d'ailleurs holomorphe et différente de zéro sur son contour C, l'accroissement que reçoit l'argument de cette fonction lorsque le point x décrit le contour C dans le sens direct est égal au produit de 2π par la différence entre le nombre de ses zéros et le nombre de ses pôles compris dans T, chaque zéro et pôle étant compté autant de fois que l'indique son ordre.

On en déduit cet autre théorème, qui rend également de grands services dans diverses questions d'Analyse :

Soient deux fonctions, $f(x)$ et $\varphi(x)$, uniformes et holomorphes dans un domaine T et sur son contour C, et admettons d'ailleurs que $f(x)$ ne s'annule pas sur C ; si l'inégalité

$$\left|\frac{\varphi(x)}{f(x)}\right| < 1$$

est vérifiée pour tout point du contour C, les fonctions $f(x)$ et $f(x) + \varphi(x)$ ont le même nombre de zéros dans le domaine T.

Écrivons, en effet,

$$f(x) + \varphi(x) = f(x)\psi(x),$$

d'où

$$\psi(x) = 1 + \frac{\varphi(x)}{f(x)}.$$

Lorsque le point x parcourt le contour C, le point dont l'affixe est égal à $\psi(x)$ décrit une courbe fermée qui, en vertu de l'inégalité ci-dessus, est intérieure au cercle passant par l'origine et ayant pour centre le point $x = 1$. Quand le point x sera revenu au point de départ, l'argument de $\psi(x)$ reprendra donc sa valeur initiale et, par conséquent, l'accroissement total de l'argument de $f(x) + \varphi(x)$ sera le même que pour la fonction $f(x)$, d'où résulte la proposition énoncée.

13. Démontrons maintenant ce théorème :

Les zéros d'une fonction analytique de la variable x, $f(x, t)$, qui dépend d'un paramètre t, et qui est continue par rapport aux deux variables x et t, sont eux-mêmes des fonctions continues du paramètre t.

Soient t_0 une valeur particulière du paramètre t, x_0 un zéro de $f(x, t_0)$ et m l'ordre de ce zéro [on suppose $f(x, t_0)$ holomorphe dans le voisinage du point x_0]. Il s'agit de démontrer que, pour les valeurs t peu différentes de t_0, la fonction $f(x, t)$ admet précisément m zéros tendant vers x_0 lorsque t tend vers t_0.

Du point x_0 comme centre, décrivons un cercle d'un rayon ε assez petit pour que la fonction $f(x, t_0)$ soit holomorphe et différente de zéro pour $0 < |x - x_0| \leqq \varepsilon$. Sur la circonférence de ce cercle, le module $\left|f(x, t_0)\right|$ aura un minimum positif que nous désignerons par η. Choisissons encore un nombre positif δ tel que, pour $|x - x_0| = \varepsilon$, $|t - t_0| < \delta$, on ait

$$\left|f(x,t) - f(x,t_0)\right| < \eta$$

et, par suite,

$$\left|\frac{f(x,t) - f(x,t_0)}{f(x,t_0)}\right| < 1,$$

ce qui est possible en vertu de la continuité de $f(x, t)$.

Cela posé, il résulte de la proposition établie à la fin du nº 12 que, pour $|t - t_0| < \delta$, la fonction $f(x, t)$ admet, dans le cercle $|x - x_0| < \varepsilon$, autant de zéros que la fonction $f(x, t_0)$, c'est-à-dire précisément m zéros, et comme ce résultat subsiste quelque petit que soit ε, à condition qu'on prenne en même temps le nombre δ suffisamment petit, on voit bien que ces m zéros tendent vers x_0 lorsque t tend vers t_0, comme nous l'avions avancé.

14. On peut préciser notablement ce résultat dans le cas où la fonction $f(x, t)$ est analytique par rapport aux deux variables x et t. En simplifiant un peu les notations précédentes, admettons que cette fonction est holomorphe tant que les variables restent comprises dans les cercles $|x| < r$, $|t| < \rho$ (1), et que l'origine est un zéro d'ordre m pour $f(x, 0)$.

En raisonnant comme ci-dessus, on voit d'abord qu'on peut trouver deux nombres positifs, $r'(< r)$ et $\rho'(< \rho)$, tels qu'on ait

$$\left|f(x,0)\right| \geqq \eta \quad (> 0) \quad \text{pour} \quad |x| = r'$$

1. Cela signifie, d'après Cauchy, que la fonction $f(x, t)$ reste continue et admet, par rapport à chacune des variables, une dérivée *unique* également continue, pour toutes les valeurs x, t comprises dans les cercles indiqués. Pour une valeur donnée t de module inférieur à ρ, $f(x, t)$ est donc une fonction analytique de x, holomorphe pour $|x| < r$, et *vice versa*. Si G et Γ sont des contours fermés pris dans l'intérieur des cercles $|x| = r$, $|t| = \rho$, on trouve, en appliquant deux fois de suite la formule (6), page 8,

$$f(x,t) = \frac{1}{(2\pi i)^2} \int_G \int_\Gamma \frac{f(\xi, \tau)\, d\xi\, d\tau}{(\xi - x)(\tau - t)},$$

x et t étant respectivement intérieurs aux contours G et Γ. De cette égalité on conclut que, dans son domaine d'holomorphie, la fonction $f(x, t)$ possède des dérivées de tous les ordres et peut se développer en série de Taylor.

et, d'autre part,

$$\left|\frac{f(x,t)-f(x,0)}{f(x,0)}\right| < 1 \quad \text{pour} \quad |x| = r', \quad |t| \leqq \rho'. \tag{3}$$

On en conclut que, pour $|t| \leqq \rho'$, la fonction $f(x,t)$ est différente de zéro sur le cercle $|x| = r'$ et admet à l'intérieur de ce cercle m zéros, $x_1, x_2, \dots, x_m$, qui sont des fonctions continues de t et s'annulent en même temps que t.

Soit maintenant $F(x,t)$ une fonction analytique quelconque des variables x, t, qui reste holomorphe pour $|x| \leqq r'$, $|t| \leqq \rho'$. Nous allons démontrer que *la somme*

$$F(t) \equiv F(x_1,t) + F(x_2,t) + \cdots + F(x_m,t)$$

est une fonction holomorphe de t dans le cercle $|t| < \rho'$.

Pour une valeur donnée t de module $\leqq \rho'$, $f(x,t)$ et $F(x,t)$ représentent des fonctions analytiques de x qui sont holomorphes pour $|x| \leqq r'$ et, de plus, $f(x,t)$ ne s'annule pas sur le cercle $|x| = r'$. D'après la formule (2), on aura donc l'égalité

$$F(t) = \frac{1}{2\pi i}\int_G \Phi(x,t)\,dx \quad \text{pour} \quad |t| \leqq \rho', \tag{4}$$

où G désigne la circonférence $|x| = r'$ et $\Phi(x,t)$ l'expression

$$\Phi(x,t) = F(x,t)\frac{f'_x(x,t)}{f(x,t)}.$$

D'autre part, si x est l'affixe d'un point quelconque de G, cette dernière expression définit une fonction analytique de t qui est holomorphe pour $|t| \leqq \rho'$, puisque, dans ces conditions, le dénominateur $f(x,t)$ est différent de zéro. Par la formule (8), page 8, on aura donc, pour $|t| < \rho'$, Γ désignant la circonférence $|\tau| = \rho'$,

$$\Phi(x,t) = \sum_0^{n-1} D_t^{(\nu)}\Phi(x,0)\frac{t^\nu}{\nu!} + \frac{1}{2\pi i}\int_\Gamma \left(\frac{t}{\tau}\right)^n \frac{\Phi(x,\tau)}{\tau - t}\,d\tau. \tag{5}$$

Comme les zéros $x_1, x_2, \dots, x_m$ de $f(x,t)$ se confondent avec l'origine pour $t = 0$, les dérivées $D_t^{(\nu)}\Phi(x,0)$ sont des fonctions holomorphes de x pour $0 < |x| \leqq r'$.

En substituant l'expression (5) dans l'égalité (4), on trouve (1)

$$F(t) = \sum_0^{n-1} A_\nu t^\nu + \frac{1}{(2\pi i)^2}\int_G\int_\Gamma \left(\frac{t}{\tau}\right)^n \frac{\Phi(x,\tau)}{\tau - t}\,dx\,d\tau, \tag{6}$$

1. On remarquera que la fonction $\Phi(x,t)$ est, en vertu de nos hypothèses, continue pour $|x| = r'$, $|t| = \rho'$, de sorte que les intégrations à effectuer dans le dernier terme de la formule (6) n'impliquent aucune difficulté.

où A_ν désigne *le résidu de* $\frac{1}{\nu!}D_t^{(\nu)}\Phi(x,0)$ *relatif à l'origine* :

$$A_\nu = \frac{1}{2\pi i}\int_G \frac{1}{\nu!}D_t^{(\nu)}\Phi(x,0)\,dx.$$

Or le dernier terme de (6) a son module inférieur à la quantité

$$\frac{r'\rho' M}{\rho' - |t|}\left|\frac{t}{\rho'}\right|^n, \tag{7}$$

M étant le maximum de $|\Phi(x,\tau)|$ pour $|x| = r'$, $|\tau| = \rho'$, et comme cette quantité s'annule pour $n = \infty$, puisqu'on suppose $|t| < \rho'$, on voit que *l'expression* $F(t)$ *est représentée dans tout le cercle* $|t| < \rho'$ *par le développement*

$$F(t) = \sum_0^\infty A_\nu t^\nu. \tag{8}$$

Nous avons donc démontré la proposition que nous avions en vue et trouvé en même temps une limite supérieure (7) de l'erreur qu'on commet en arrêtant le développement (8) après un terme déterminé.

En faisant $F(x,t) \equiv x^k$, k étant un entier positif, on conclut de la proposition ci-dessus que les sommes

$$S_k \equiv x_1^k + x_2^k + \cdots + x_m^k$$

sont des fonctions analytiques de t, holomorphes pour $|t| < \rho'$ et s'annulant pour $t = 0$. Il en sera donc de même des coefficients des diverses puissances de x dans le développement du produit

$$(x - x_1)(x - x_2)\cdots(x - x_m),$$

puisque ces coefficients sont des polynômes en S_1, $S_2, \ldots,$ S_m, et nous arrivons ainsi à ce théorème fondamental :

Étant donnée une fonction analytique, $f(x,t)$, *des deux variables* x, t, *qui est holomorphe tant que les modules de ces variables restent au-dessous de certaines limites ; si l'origine est un zéro d'ordre* m *pour* $f(x,0)$, *l'équation*

$$f(x,t) = 0$$

admet précisément m *racines qui tendent vers zéro avec* t. *Ces racines vérifient une équation de degré* m,

$$x^m + f_1(t)x^{m-1} + f_2(t)x^{m-2} + \cdots + f_m(t) = 0,$$

dont les coefficients sont des fonctions analytiques de t, holomorphes dans le voisinage de l'origine et nulles pour $t = 0$ ([1]).

15. Appliquons les résultats précédents au cas où l'on a

$$f(x,t) = x - t\varpi(x), \quad F(x,t) = F(x),$$

les fonctions $\varpi(x)$ et $F(x)$ étant holomorphes pour $|x| < r$. La condition (3) s'écrit

$$\left|\frac{t\varpi(x)}{x}\right| < 1 \quad \text{pour} \quad |x| = r'(< r), \qquad |t| \leqq \rho'.$$

Les nombres r' et ρ' satisfaisant à ces conditions, comme l'on a actuellement $m = 1$, on peut conclure des résultats du n° 14 que, pour $|t| \leqq \rho'$, l'équation

$$x - t\varpi(x) = 0$$

admet à l'intérieur du cercle $|x| = r'$ une seule racine, $\overline{x}$, qui est fonction holomorphe de t, pour $|t| < \rho'$, et s'annule pour $t = 0$.

D'autre part, en développant l'expression

$$\Phi(x,t) \equiv F(x)\frac{1 - t\varpi'(x)}{x - t\varpi(x)}$$

suivant les puissances de t, on trouve que le coefficient de t^ν s'écrit

$$F(x)\left\{\frac{[\varpi(x)]^\nu}{x^{\nu+1}} - \frac{[\varpi(x)]^{\nu-1}\varpi'(x)}{x^\nu}\right\} \equiv -\frac{1}{\nu}F(x)D_x\left\{\left[\frac{\varpi(x)}{x}\right]^\nu\right\},$$

ou encore

$$-\frac{1}{\nu}D_x\left\{F(x)\left[\frac{\varpi(x)}{x}\right]^\nu\right\} + \frac{1}{\nu}F'(x)\left[\frac{\varpi(x)}{x}\right]^\nu.$$

---

1. Les principaux résultats des n°s 12–15 ont été établis par Cauchy dans les Mémoires de l'année 1831 (Cf. *Bulletin de Férussac*, 1831, et *Exercices d'Analyse*, t. II).

Vers 1860, le théorème ci-dessus, d'ailleurs sous une forme plus générale et avec des développements ultérieurs, a été retrouvé par Weierstrass qui, cependant, n'a publié ses résultats qu'en 1886, dans les *Abhandlungen aus der Functionenlehre*. D'autre part, M. Poincaré est, de son côté, arrivé au même théorème dans sa thèse : *Sur les propriétés des fonctions définies par les équations aux différences partielles*, 1879. *Voir* aussi É. Picard, *Traité d'Analyse*, t. II, p. 243.

Cauchy est d'ailleurs à plusieurs reprises revenu sur la théorie des fonctions implicites, dans le but d'en simplifier les principes. *Voir*, par exemple, *Œuvres*, série I, t. IV, 1837, p. 48–60, et t. V, 1840, p. 180–198. Dans la seconde de ces Notes se trouve (p. 193–198) une démonstration qui présente certaines analogies avec celle de Weierstrass.

Nous savons que le coefficient de t^ν dans le développement de la fonction $F(\overline{x})$ est égal au résidu de cette expression à l'origine. Or, le résidu du premier terme est nul, puisque ce terme est la dérivée d'une fonction uniforme (*voir* p. 12) ; et, d'après l'égalité (7) page 8, le résidu du second terme est égal à la dérivée

$$\frac{1}{\nu!}D_x^{(\nu-1)}\left\{F'(x)[\varpi(x)]^\nu\right\},$$

prise pour $x = 0$. En somme on aura donc, pour $|t| < \rho'$,

$$F(\overline{x}) = F(0) + \sum_1^\infty D_x^{(\nu-1)}\left\{F'(x)[\varpi(x)]^\nu\right\}_{x=0}\frac{t^\nu}{\nu!},$$

et en particulier, pour $F(x) = x$,

$$\overline{x} = \sum_1^\infty D_x^{(\nu-1)}\left\{[\varpi(x)]^\nu\right\}_{x=0}\frac{t^\nu}{\nu!}.$$

Ce sont les célèbres développements établis par Lagrange.

16. En terminant cette section, nous allons déduire de la formule (1) un résultat intéressant, en y faisant $F(x) = \log x$.

Prenons un cercle C ayant l'origine comme centre et de rayon r, et désignons par $a_1, a_2, \ldots, a_m$ les zéros et par $b_1, b_2, \ldots, b_n$ les pôles de la fonction $f(x)$ compris dans ce cercle, chaque zéro ou pôle figurant dans ces suites autant de fois que l'indique son ordre. Pour simplifier, supposons d'ailleurs $f(0) = 1$.

L'origine étant un point critique pour $\log x$, nous l'exclurons de notre domaine par un petit cercle, c, laissant à l'extérieur les points a et b ; puis, en évitant toujours ces mêmes points, nous mènerons une coupure, L, allant d'un point de c au point $x = r$ de C. Nous obtenons ainsi un domaine simplement connexe, T, dont le contour, S, se compose des cercles C et c et des deux bords de la coupure L, et où la fonction $\log x$ est uniforme et holomorphe. Pour tout fixer, convenons d'ailleurs de choisir, parmi les différentes branches de $\log x$, celle qui prend la valeur réelle $\log r$ au point $x = r$ du bord *supérieur* de la coupure.

Cela posé, en faisant $F(x) = \log x$ et en prenant S pour contour d'intégration, la formule (1) nous donne

$$\log\frac{a_1 a_2 \cdots a_m}{b_1 b_2 \cdots b_n} = \frac{1}{2\pi i}\int_S \log x \frac{f'(x)}{f(x)}\,dx. \tag{9}$$

Intégrons par parties, en partant du point $x = r$ (du bord supérieur de la coupure L) ; on aura

$$\int_r^x \log x \frac{f'(x)}{f(x)}\, dx = \log x \log f(x) - \log r \log f(r) - \int_r^x \frac{\log f(x)}{x}\, dx.$$

Lorsque le point x, décrivant le contour S dans le sens direct, revient au point $x = r$, $\log x$ reprend sa valeur initiale $\log r$. Quant à la fonction $\log f(x)$, laquelle peut se mettre sous la forme $\log R + i\Phi$, R et Φ étant respectivement le module et l'argument de $f(x)$, il résulte du théorème de la page 21 qu'elle prendra dans les mêmes circonstances la valeur $\log f(r) + 2\pi i(m - n)$, et l'égalité précédente deviendra donc, en divisant par $2\pi i$,

$$\frac{1}{2\pi i}\int_S \log x \frac{f'(x)}{f(x)}\, dx = (m-n)\log r - \frac{1}{2\pi i}\int_S \frac{\log f(x)}{x}\, dx.$$

Si l'on convient de choisir pour $\log f(x)$ la détermination qui s'annule à l'origine, la fonction $\frac{\log f(x)}{x}$ sera holomorphe dans le cercle c et prendra la même valeur en des points correspondants situés respectivement sur les deux bords de la coupure L. Il en résulte

$$\int_S \frac{\log f(x)}{x}\, dx = \int_C \frac{\log f(x)}{x}\, dx \equiv i\int_0^{2\pi} \log f(r\,e^{i\varphi})\, d\varphi,$$

car l'intégrale prise sur c est nulle et les intégrales relatives aux deux bords de L se détruisent ; l'égalité (9) devient donc

$$\log \frac{a_1 a_2 \cdots a_m}{b_1 b_2 \cdots b_n} = (m-n)\log r - \frac{1}{2\pi}\int_0^{2\pi} \log f(r\,e^{i\varphi})\, d\varphi,$$

ou encore, en égalant les parties réelles des deux côtés,

$$\log\left|\frac{a_1 a_2 \cdots a_m}{b_1 b_2 \cdots b_n}\right| = (m-n)\log r - \frac{1}{2\pi}\int_0^{2\pi} \log\left|f(r\,e^{i\varphi})\right| d\varphi.$$

Ce résultat constitue l'important théorème découvert par M. Jensen ([1]) et qui joue, en particulier, un rôle fondamental dans la théorie des fonctions entières.

1. *Acta mathematica*, t. XXII. C'est M. Goursat qui a le premier rattaché ce théorème au calcul des résidus (*Bulletin des Sciences mathématiques*, octobre 1902). *Voir* aussi une Note récente de M. Mittag-Leffler (*Bulletin de la Société mathématique de France*, t. XXXII).

II. — *Quelques applications aux fonctions méromorphes.*

17. Soit une fonction *méromorphe*, $f(z)$, c'est-à-dire une fonction analytique uniforme dans tout le plan et n'ayant à distance finie d'autres singularités que des pôles, et construisons de l'origine comme centre une suite illimitée de cercles

$$c_1, \quad c_2, \quad \ldots, \quad c_\nu, \quad \ldots,$$

qui ne passent par aucun pôle de $f(z)$, et dont les rayons

$$r_1, \quad r_2, \quad \ldots, \quad r_\nu, \quad \ldots,$$

aillent en croissant indéfiniment. On aura pour chaque indice ν, en posant pour abréger $z_\nu = r_\nu e^{i\psi}$,

$$\mathcal{E}_{c_\nu}\big(f(z)\big) = \frac{1}{2\pi i}\int_{c_\nu} f(z)\,dz = \frac{1}{2\pi}\int_0^{2\pi} z_\nu f(z_\nu)\,d\psi. \tag{1}$$

Il peut arriver que cette expression tende vers une limite finie et déterminée lorsque ν croît indéfiniment. S'il en est ainsi, cette limite sera appelée *le résidu intégral de la fonction* $f(z)$ (relatif à la suite c_1, c_2, ...) [1]et désignée par $\mathcal{E}\big(f(z)\big)$. On aura donc, par définition,

$$\mathcal{E}\big(f(z)\big) = \mathcal{E}_{c_1} + \big(\mathcal{E}_{c_2} - \mathcal{E}_{c_1}\big) + \big(\mathcal{E}_{c_3} - \mathcal{E}_{c_2}\big) + \cdots \tag{2}$$

Cela posé, on tire facilement de l'égalité (1) cette proposition :

Si la condition

$$\lim_{\nu=\infty} z_\nu f(z_\nu) = A \tag{3}$$

est vérifiée uniformément pour $0 \leqq \psi \leqq 2\pi$, *le résidu intégral de la fonction* $f(z)$ *est égal à* A.

1. *Cf. Œuvres de Cauchy*, série II, t. VII, 1827, p. 291–323. Dans cet article, qui est d'une remarquable précision, Cauchy donne d'ailleurs une définition plus générale du *résidu intégral*, en considérant (p. 294), au lieu des cercles c_ν, un contour fermé quelconque dont la forme varie sans cesse et de manière que ses différents points s'éloignent indéfiniment de l'origine. Il utilise ainsi, dans toute sa généralité, la représentation géométrique des nombres complexes, ce qu'il n'est pas sans intérêt de noter, vu la date de cette publication.

En effet, l'égalité (1) nous donne

$$\mathcal{E}_{c_\nu}\big(f(z)\big) - A = \frac{1}{2\pi}\int_0^{2\pi}\big[z_\nu f(z_\nu) - A\big]d\psi, \tag{4}$$

et, en vertu de l'hypothèse admise, on aura d'autre part, quelque petit que soit ε, $\left|z_\nu f(z_\nu) - A\right| < \varepsilon$, dès que ν dépassera une certaine limite. A partir de cette même limite, on aura donc aussi

$$\left|\mathcal{E}_{c_\nu}\big(f(z_\nu)\big) - A\right| < \varepsilon,$$

d'où résulte la proposition énoncée. Cette proposition subsiste dans le cas plus général où sont vérifiées les conditions suivantes :

1° $\left|z_\nu f(z_\nu)\right| < M$ *pour tout indice* ν, M *étant une constante.*

2° *La condition (3) est vérifiée uniformément dans toute portion de l'intervalle* $0 \leqq \psi \leqq 2\pi$ *qui ne comprend pas certaines valeurs particulières* $\psi_1, \psi_2, \dots, \psi_n$.

En effet, si ε et η désignent deux nombres positifs arbitrairement petits, et si, de l'intervalle $0 \leqq \psi \leqq 2\pi$, on exclut les segments

$$\psi_k - \eta < \psi < \psi_k + \eta \qquad (k = 1, 2, \dots, n),$$

dont la longueur totale est au plus égale à $2n\eta$, on a dans le reste de cet intervalle $\left|z_\nu f(z_\nu) - A\right| < \varepsilon$ dès que ν dépasse une certaine valeur ν_0. Le second membre de l'égalité (4) est donc inférieur en valeur absolue à la quantité

$$\varepsilon + 2n\eta\,\frac{M + |A|}{2\pi}$$

dès que $\nu > \nu_0$, et tend, par suite, vers zéro lorsque ν croît indéfiniment.

Par un raisonnement analogue, on démontre cette autre proposition dont nous aurons également à faire usage :

Si le module du produit $z_\nu f(z_\nu)$ *reste inférieur à une quantité fixe quel que soit* ν, *et si les conditions*

$$\lim_{\nu=\infty} z_\nu f(z_\nu) = A \qquad \text{pour} \qquad \psi_0 + \varepsilon < \psi < \psi_0 + \pi - \varepsilon,$$

$$\lim_{\nu=\infty} z_\nu f(z_\nu) = B \qquad \text{pour} \qquad \psi_0 + \pi + \varepsilon < \psi < \psi_0 + 2\pi - \varepsilon$$

sont vérifiées uniformément dans les intervalles indiqués, quelque petit que soit ε, *le résidu intégral de la fonction* $f(z)$ *est égal à* $\frac{1}{2}(A + B)$.

18. Comme première application, cherchons à évaluer les *nombres de Bernoulli*, c'est-à-dire les nombres B_1, B_2, ... qui figurent dans le développement

$$\frac{1}{e^z-1}=\frac{1}{z}-\frac{1}{2}+\sum_1^\infty(-1)^{\nu-1}\frac{B_\nu}{(2\nu)!}z^{2\nu-1}. \tag{5}$$

Le coefficient $(-1)^{k-1}\frac{B_k}{(2k)!}$ représente le résidu de la fonction

$$f(z)\equiv\frac{1}{z^{2k}}\frac{1}{e^z-1}$$

à l'origine. Les autres pôles de cette fonction méromorphe sont $\pm 2\pi i\nu$ ($\nu=1,2,\ldots$) et les résidus correspondants $(-1)^k(2\pi\nu)^{-2k}$. Or, on constate facilement, en prenant $r_\nu=(2\nu-1)\pi$, que le module de l'expression (5) reste inférieur à une quantité finie sur les cercles c_ν (1), et il en résulte que le produit $z_\nu f(z_\nu)$ tend uniformément vers zéro pour $0\leqq\psi\leqq 2\pi$ lorsque ν croît indéfiniment. D'après le n° 17, le résidu intégral de la fonction $f(z)$ se réduit donc à zéro et, par suite, le coefficient considéré ci-dessus est égal et de signe contraire à la somme des résidus de $f(z)$ relatifs aux pôles $\pm 2\pi i\nu$, d'où l'on déduit

$$B_k=\frac{2(2k)!}{(2\pi)^{2k}}\sum_1^\infty\frac{1}{\nu^{2k}}. \tag{6}$$

---

1. De chacun des pôles de la fonction $\varphi(z)\equiv\frac{1}{e^z-1}$ comme centre, décrivons un cercle de rayon arbitrairement petit mais fixe, et désignons par T la région extérieure à ces cercles. Je dis que $|\varphi(z)|$ est inférieur à un nombre fini M pour tout point de T. Soit, en effet, a un nombre positif et posons $z=\tau+it$; on aura évidemment $|\varphi(z)|<\frac{1}{e^a-1}$ pour $\tau>a$, et $|\varphi(z)|<\frac{1}{1-e^{-a}}$ pour $\tau<-a$, et d'autre part on trouve, en tenant compte de la périodicité de $\varphi(z)$, que $|\varphi(z)|$ aura un maximum fini dans la portion de T comprise dans la bande $-a\leqq\tau\leqq a$. On prendra pour M la plus grande de ces trois limites.

Le nombre x étant assujetti à la condition $0\leqq x\leqq 1$, on démontre de même que le module de la fonction $\frac{e^{xz}}{e^z-1}$ reste au-dessous d'une limite finie M' dans le domaine T. Ce module est, en effet, inférieur à $\frac{1}{1-e^{-a}}$ pour $\tau<-a$, inférieur à e^aM dans la portion de T faisant partie de la bande $-a\leqq\tau\leqq a$, et, enfin, inférieur à $\frac{1}{1-e^{-a}}$ pour $\tau>a$, ce qui résulte de l'identité

$$\frac{e^{xz}}{e^z-1}=\frac{e^{-z(1-x)}}{1-e^{-z}}.$$

Par un raisonnement de tout point analogue on trouve pour les *nombres d'Euler*, qui figurent dans l'égalité

$$\text{séc}\, z = \sum_0^\infty \frac{E_\nu}{(2\nu)!} z^{2\nu} \qquad (E_0 = 1), \tag{7}$$

l'expression

$$E_k = 2(2k)! \left(\frac{2}{\pi}\right)^{2k+1} \sum_{\nu=0}^\infty \frac{(-1)^\nu}{(2\nu+1)^{2k+1}} \qquad (k = 0, 1, \dots). \tag{8}$$

Cherchons maintenant les coefficients $\varphi_\nu(x)$ du développement

$$\frac{e^{xz}}{e^z - 1} = \frac{1}{z} + \sum_1^\infty \frac{\varphi_\nu(x)}{\nu!} z^{\nu-1}. \tag{9}$$

En multipliant (5) par la série qui définit e^{xz}, on obtient

$$\varphi_\nu(x) = x^\nu - \frac{\nu}{2} x^{\nu-1} + C_\nu^{(2)} B_1 x^{\nu-2} - C_\nu^{(4)} B_2 x^{\nu-4} + C_\nu^{(6)} B_3 x^{\nu-6} - \cdots,$$

les lettres C désignant les coefficients binomiaux. Mais nous allons obtenir une autre expression de ces polynômes, en observant que $\frac{\varphi_n(x)}{n!}$ représente le résidu relatif à l'origine de la fonction

$$f(z) \equiv \frac{1}{z^n} \frac{e^{xz}}{e^z - 1}. \tag{10}$$

Soit d'abord $n > 1$, et supposons la variable x réelle et comprise dans l'intervalle $0 \leqq x \leqq 1$. D'après la remarque faite ci-dessus, le produit $z_\nu f(z_\nu)$ tendra uniformément vers zéro pour $0 \leqq \psi \leqq 2\pi$ lorsque ν croît indéfiniment, en prenant toujours $r_\nu = (2\nu - 1)\pi$. Le résidu intégral de la fonction $f(z)$ est donc égal à zéro,

---

On pourra donc prendre $M' = e^a M$.

Des remarques analogues s'appliquent à chacune des fonctions

$$\text{séc}\, z, \quad \text{coséc}\, z, \quad \text{tang}\, z, \quad \cot z, \quad \frac{e^{xz}}{e^z + 1} \quad (0 \leqq x \leqq 1), \dots,$$

dans les régions qu'on obtient en excluant leurs pôles par de petits cercles.

et l'on en déduit après quelques réductions faciles, pour $k = 1, 2, \ldots,$

$$(11)\qquad \begin{cases} \varphi_{2k}(x) = \quad (-1)^{k+1}\, 2(2k)! \displaystyle\sum_{\nu=1}^{\infty} \frac{\cos 2\nu\pi x}{(2\nu\pi)^{2k}} \equiv \overline{\varphi}_{2k}(x), \\ \varphi_{2k+1}(x) = (-1)^{k+1}\, 2(2k+1)! \displaystyle\sum_{\nu=1}^{\infty} \frac{\sin 2\nu\pi x}{(2\nu\pi)^{2k+1}} \equiv \overline{\varphi}_{2k+1}(x), \end{cases}$$

formules valables tant que $0 \leqq x \leqq 1$. En vue d'applications ultérieures, nous conviendrons de désigner par $\overline{\varphi}_{2k}(x), \overline{\varphi}_{2k+1}(x)$ les fonctions périodiques de période 1 qui figurent aux seconds membres de ces formules.

Lorsque $n = 1$, le résidu intégral de la fonction (10) est encore égal à zéro, pourvu que x reste dans l'intervalle $0 < x < 1$, *les limites étant exclues*. C'est ce qu'on déduit des résultats de la page 28, en remarquant, d'une part, que le module du produit

$$(12)\qquad zf(z) \equiv \frac{e^{xz}}{e^z - 1}$$

reste au-dessous d'une limite finie sur les cercles c_ν, d'après la note de la page 30, et, d'autre part, que ce produit tend uniformément vers zéro lorsque z s'éloigne indéfiniment de l'origine en restant intérieur à l'un des angles

$$-\frac{\pi}{2} + \varepsilon < \psi < \frac{\pi}{2} - \varepsilon, \quad \frac{\pi}{2} + \varepsilon < \psi < \frac{3\pi}{2} - \varepsilon,$$

ε étant un nombre positif aussi petit qu'on le voudra.

On aura donc, pour $0 < x < 1$,

$$(13)\qquad \varphi_1(x) \equiv x - \frac{1}{2} = -\sum_{1}^{\infty} \frac{\sin 2\nu\pi x}{\nu\pi}.$$

Nous désignerons par $\overline{\varphi}_1(x)$ la fonction périodique

$$(14)\qquad \overline{\varphi}_1(x) = -\sum_{1}^{\infty} \frac{\sin 2\nu\pi x}{\nu\pi},$$

fonction qui se confond avec $x - \nu - \frac{1}{2}$ pour $\nu < x < \nu + 1$.

m étant un entier positif quelconque, on aura, pour $0 < x < 1$,

$$(15)\qquad \sum_{m}^{\infty} \frac{\sin 2\nu\pi x}{\nu\pi} = -\frac{1}{2\pi i} \int_{c_m} \frac{e^{xz}}{e^z - 1} \frac{dz}{z},$$

et comme, d'après la note de la page 30, le module de l'expression (12) reste inférieur à la quantité finie M' sur les cercles c_ν, et comme, d'ailleurs, la somme (15) admet la période 1 et s'annule pour les valeurs entières de x, on peut en conclure que *la somme* (15) *reste inférieure en valeur absolue à la quantité* M' *pour toutes les valeurs réelles de* x, *quel que soit l'entier positif* m. D'autre part, on peut déduire de l'égalité (15) ce fait bien connu que *la série* (14) *converge uniformément dans l'intervalle* $\varepsilon \leqq x \leqq 1-\varepsilon$, *quelque petit que soit le nombre positif* ε.

On appelle *polynomes de Bernoulli* les polynomes P définis par les égalités

$$P_{2k}(x) = \varphi_{2k}(x) + (-1)^k B_k,$$
$$P_{2k+1}(x) = \varphi_{2k+1}(x).$$

Conformément à la notation adoptée ci-dessus, nous conviendrons de désigner par $\overline{P}_{2k}(x)$, $\overline{P}_{2k+1}(x)$ les fonctions périodiques de période 1 qui coïncident respectivement avec ces polynomes dans l'intervalle $0 \leqq x \leqq 1$.

Ayant à nous occuper souvent des polynomes φ et P dans la suite de cet ouvrage, nous en signalerons ici quelques propriétés importantes qui se déduisent immédiatement de nos formules.

En rapprochant l'égalité (9) de celle qu'on obtient en la différentiant par rapport à x, on trouve les relations

(16) $$\varphi'_{\nu+1}(x) = (\nu+1)\varphi_\nu(x) \quad (\nu = 1, 2, \ldots),$$

qu'on pourrait aussi déduire des formules (11). De celles-ci on conclut immédiatement

$$\varphi_{2k}(1-x) = \varphi_{2k}(x), \qquad \varphi_{2k+1}(1-x) = -\varphi_{2k+1}(x),$$

puis

$$\varphi_{2k+1}(0) = \varphi_{2k+1}\left(\frac{1}{2}\right) = \varphi_{2k+1}(1) = 0,$$

et, en tenant compte de l'égalité (6),

(17) $$\varphi_{2k}(0) = \varphi_{2k}(1) = (-1)^{k+1}B_k, \qquad \varphi_{2k}\left(\frac{1}{2}\right) = (-1)^k B'_k,$$

où

$$B'_k = \frac{2(2k)!}{(2\pi)^{2k}} \sum_{\nu=1}^{\infty} \frac{(-1)^{\nu+1}}{\nu^{2k}} = \left(1 - \frac{1}{2^{2k-1}}\right) B_k.$$

La plus grande valeur numérique de $\overline{\varphi}_{2k}(x)$ étant égale à B_k, d'après (11), on voit que *le polynome* $P_{2k}(x)$ *s'annule pour* $x = 0$ *et pour* $x = 1$, *en gardant dans l'intervalle compris entre ces valeurs un signe invariable, à savoir celui de* $(-1)^k$. Signalons aussi l'égalité

$$\int_0^1 P_{2k}(x)\,dx = (-1)^k B_k, \tag{18}$$

qu'on vérifie de suite en intégrant la première des formules (11).

Considérons encore, avec Hermite [1], les polynomes $\chi(x)$ qui figurent dans le développement

$$\frac{e^{xz}}{e^z+1} = \sum_0^\infty \frac{\chi_\nu(x)}{\nu!} z^\nu \qquad \left[\chi_0(x) \equiv \frac{1}{2}\right]. \tag{19}$$

Un raisonnement analogue au précédent conduit aux égalités

$$\begin{cases} \chi_{2k}(x) = (-1)^k\, 2(2k)! \displaystyle\sum_{\nu=0}^\infty \frac{\sin(2\nu+1)\pi x}{[(2\nu+1)\pi]^{2k+1}} \equiv \overline{\chi}_{2k}(x) \qquad (k = 1, 2, \ldots), \\ \chi_{2k+1}(x) = (-1)^{k+1}\, 2(2k+1)! \displaystyle\sum_{\nu=0}^\infty \frac{\cos(2\nu+1)\pi x}{[(2\nu+1)\pi]^{2k+2}} \equiv \overline{\chi}_{2k+1}(x) \qquad (k = 0, 1, \ldots), \end{cases} \tag{20}$$

qui sont valables pour $0 \leq x \leq 1$. Les expressions qui figurent aux seconds membres, et que nous désignerons par $\overline{\chi}_{2k}(x)$, $\overline{\chi}_{2k+1}(x)$, admettent la période 2 et changent de signe lorsqu'on ajoute à la variable x une demi-période, c'est-à-dire l'unité.

Nous désignerons de même par $\overline{\chi}_0(x)$ la fonction périodique

$$\overline{\chi}_0(x) = 2\sum_{\nu=0}^\infty \frac{\sin(2\nu+1)\pi x}{(2\nu+1)\pi}, \tag{21}$$

dont la valeur est égale à $\frac{1}{2}$, pour $2\nu < x < 2\nu+1$, et à $-\frac{1}{2}$ pour $2\nu+1 < x < 2\nu+2$, ν étant un entier quelconque. Quant à la convergence de la série qui figure au second membre de l'égalité (21), on pourra répéter mot à mot ce qui a été dit au sujet de la série (14).

Des égalités (19) et (20) on déduit les relations

$$\begin{gathered} \chi'_{\nu+1}(x) = (\nu+1)\chi_\nu(x) \qquad (\nu = 0, 1, 2, \ldots), \\ \chi_{2k}(1-x) = \chi_{2k}(x), \qquad \chi_{2k+1}(1-x) = -\chi_{2k+1}(x), \\ \chi_{2k}(0) = \chi_{2k}(1) = 0, \qquad \chi_{2k+1}\left(\frac{1}{2}\right) = 0, \end{gathered} \tag{22}$$

1. *Journal de Crelle*, t. 116. p. 144.

et, enfin, en tenant compte de l'égalité (8),

$$\chi_{2k}\left(\frac{1}{2}\right) = \frac{(-1)^k}{2}\frac{E_k}{4^k}. \tag{23}$$

19. À l'aide des considérations du n° 17 on peut, dans certains cas, décomposer une fonction méromorphe en fractions rationnelles ([1]).

Supposons, par exemple, qu'il soit possible de choisir les cercles c_ν de telle sorte que, si l'on pose toujours $z_\nu = r_\nu e^{i\psi}$, le module $|f(z_\nu)|$ reste au-dessous d'une limite finie, quels que soient ψ et ν, et que, d'autre part, l'égalité

$$\lim_{\nu=\infty} f(z_\nu) = A$$

soit vérifiée uniformément dans l'intervalle $0 \leqq \psi \leqq 2\pi$ ou, plus généralement, dans toute portion de cet intervalle qui ne comprend pas certaines valeurs particulières, $\psi_1, \psi_2, \ldots, \psi_n$. Il en sera alors de même, quel que soit x, de l'égalité

$$\lim_{\nu=\infty} z_\nu \frac{f(z_\nu)}{z_\nu - x} = A,$$

et l'on en déduit, d'après le théorème de la page 28,

$$\mathcal{E}\left(\frac{f(z)}{z-x}\right) = A.$$

Or le résidu de $\frac{f(z)}{z-x}$ au point $z = x$ est égal à $f(x)$, et nous pouvons donc écrire le résultat précédent sous la forme

$$f(x) = A + \mathcal{E}\frac{\big(f(z)\big)}{x-z} \tag{24}$$

où la somme $\mathcal{E}$ ne comprend, cette fois, que les résidus de $\frac{f(z)}{x-z}$ relatifs aux pôles de $f(z)$ ([2]).

1. Cf. *Œuvres de Cauchy*, série II, t. VII, 1827, p. 324–344, et série I, t. VIII, 1844, p. 378–385.

2. À l'exemple de Cauchy, nous désignerons désormais par les notations $\mathcal{E}\varphi(z)\big(f(z)\big)$, et $\mathcal{E}\frac{\varphi(z)}{\big(f(z)\big)}$ la somme des résidus des expressions $\varphi(z)f(z)$, $\frac{\varphi(z)}{f(z)}$, relatifs respectivement aux points singuliers des fonctions $f(z)$ et $\frac{1}{f(z)}$.

Si l'on suppose les conditions

$$\lim_{\nu=\infty} f(z_\nu) = A \qquad \text{pour} \qquad \psi_0 + \varepsilon < \psi < \psi_0 + \pi - \varepsilon$$
$$\lim_{\nu=\infty} f(z_\nu) = B \qquad \text{pour} \qquad \psi_0 + \pi + \varepsilon < \psi < \psi_0 + 2\pi - \varepsilon$$

vérifiées uniformément dans les intervalles indiqués, quelque petit que soit ε, et si $|f(z)|$ reste d'ailleurs au-dessous d'une limite finie sur les cercles c_ν, on trouve, par le même raisonnement que ci-dessus, en utilisant le dernier théorème du nº 17,

$$f(x) = \frac{1}{2}(A + B) + \mathcal{E}\frac{\big(f(z)\big)}{x - z}. \tag{25}$$

Considérons encore le cas où $f(z)$ est une fonction *impaire*, telle que le quotient $\frac{f(z_\nu)}{z_\nu}$ tende uniformément vers zéro pour $0 \leqq \psi \leqq 2\pi$ lorsque ν croît indéfiniment. Je dis que le résidu intégral de $\frac{f(z)}{z - x}$ se réduit à zéro, de sorte qu'on pourra appliquer la formule (24) en y faisant $A = 0$. En effet, on a

$$\mathcal{E}\left(\frac{f(z)}{z - x}\right) = \frac{1}{2\pi}\int_0^{2\pi} \frac{z_\nu f(z_\nu)}{z_\nu - x}\, d\psi = \frac{x}{\pi}\int_0^{\pi} \frac{z_\nu f(z_\nu)}{z_\nu^2 - x^2}\, d\psi,$$

et, sous la condition indiquée, cette dernière expression a évidemment pour limite 0 lorsque ν tend vers l'infini.

Dans le cas où $f(z)$ n'admet que des pôles simples, $a_1, a_2, \ldots, a_\nu, \ldots$, on aura

$$\mathcal{E}\frac{\big(f(z)\big)}{x - z} = \sum_1^\infty \frac{A_\nu}{x - a_\nu},$$

A_ν étant le résidu de $f(z)$ relatif au pôle a_ν. Mais il importe de remarquer que, dans cette série, on doit réunir les termes en groupes comme l'indique l'égalité (2), c'est-à-dire en comprenant dans un même groupe les termes provenant des pôles compris entre deux cercles consécutifs dans la suite $c_1, c_2, \ldots$.

20. Appliquons les considérations précédentes à la fonction

$$f(z) = \pi \cot \pi z \equiv \frac{D_z \sin \pi z}{\sin \pi z}.$$

La fonction $\sin \pi z$ admettant les points $z = 0, \pm 1, \pm 2, \ldots$ comme zéros simples, ces mêmes points seront, d'après le nº 11, pour $f(z)$ des pôles simples de résidu 1.

La fonction $f(z)$ est d'ailleurs impaire et, d'après la note de la page 30, son module restera au-dessous d'une limite finie sur les cercles c_ν, si l'on prend $r_\nu = \nu - \frac{1}{2}$.

On peut donc appliquer la formule (24) en y faisant $A = 0$, et l'on trouve ainsi la formule connue

$$\pi \cot \pi x = \frac{1}{x} + \sum_{\nu=1}^{\infty} \left(\frac{1}{x-\nu} + \frac{1}{x+\nu} \right) = \frac{1}{x} + 2x \sum_{1}^{\infty} \frac{1}{x^2 - \nu^2}.$$

Soit, en second lieu,

$$f(z) = \frac{e^{az}}{e^z - 1} \qquad (0 < a < 1).$$

En prenant $r_\nu = (2\nu - 1)\pi$, nous savons, d'après la page 31, que le module $|f(z_\nu)|$ reste au-dessous d'une limite finie sur les cercles c_ν, et que l'égalité $\lim_{\nu=\infty} f(z_\nu) = 0$ est vérifiée uniformément pour

$$-\frac{\pi}{2} + \varepsilon < \psi < \frac{\pi}{2} - \varepsilon$$

et pour

$$\frac{\pi}{2} + \varepsilon < \psi < \frac{3\pi}{2} - \varepsilon,$$

quelque petit que soit ε. On aura donc l'égalité (24) avec $A = 0$, ce qui donne

$$\frac{e^{ax}}{e^x - 1} = \lim_{n=\infty} \sum_{-n}^{+n} \frac{e^{2\pi i \nu a}}{x - 2\pi i \nu} \qquad (0 < a < 1).$$

Si $a = 0$, on aura

$$\lim_{\nu=\infty} f(z_\nu) = -1 \qquad \text{pour} \qquad \frac{\pi}{2} + \varepsilon < \psi < \frac{3\pi}{2} - \varepsilon,$$

les autres conditions étant les mêmes que ci-dessus. Dans ce cas, on doit donc appliquer l'égalité (25) en y faisant $A = 0$, $B = -1$, et l'on trouve ainsi

$$\frac{1}{e^x - 1} = -\frac{1}{2} + \frac{1}{x} + 2x \sum_{1}^{\infty} \frac{1}{x^2 + 4\pi^2\nu^2}.$$

Comme dernière application, proposons-nous, en suivant toujours Cauchy, de décomposer la fonction entière

$$F(z) = \sin z - az \cos z,$$

où a désigne une constante, en un produit de facteurs primaires.

A cet effet, mettons $F(z)$ sous la forme

$$F(z) = -az \cos z \left(1 - \frac{\operatorname{tang} z}{az}\right),$$

et décrivons, de l'origine comme centre, des cercles c_ν de rayons $\nu\pi$ ($\nu = 1, 2, \ldots$). Dès que ν dépassera une certaine valeur ν_0, on aura (*Cf.* la note page 30)

$$\left|\frac{\operatorname{tang} z}{az}\right| < 1 \quad \text{sur} \quad c_\nu,$$

et il en résulte, d'après le théorème de la page 21, que la fonction $F(z)$ a, dans le cercle c_ν, autant de zéros que la fonction $z \cos z$, c'est-à-dire $2\nu + 1$ zéros. Donc $F(z)$ admet, en dehors de l'origine qui en est un zéro simple si l'on suppose $a \neq 1$, une infinité d'autres zéros, deux à deux égaux et de signes contraires, que nous désignerons par $\pm\lambda_1, \pm\lambda_2, \ldots, \pm\lambda_\nu, \ldots$. D'ailleurs, $\nu > \nu_0$, les zéros $\pm\lambda_\nu$ seront compris entre les cercles $c_{\nu-1}$ et c_ν.

Cela posé, formons la dérivée logarithmique de $F(z)$:

$$\frac{F'(z)}{F(z)} = \frac{(1-a)\cos z + az \sin z}{\sin z - az \cos z} = \frac{\dfrac{1-a}{az} + \operatorname{tang} z}{\dfrac{\operatorname{tang} z}{az} - 1}.$$

Cette dernière expression met en évidence que le module de $\frac{F'(z)}{F(z)}$ reste inférieur à une quantité finie sur les cercles c_ν, au moins pour $\nu > \nu_0$, et, comme c'est d'ailleurs une fonction impaire de z, les résultats établis au nº 19 nous permettent d'écrire

$$\frac{F'(z)}{F(z)} = \frac{1}{x} + \sum_1^\infty \left(\frac{1}{x - \lambda_\nu} + \frac{1}{x + \lambda_\nu}\right).$$

En intégrant cette égalité et en observant que $F'(0) = 1 - a$, on en déduit l'expression cherchée

$$\sin x - ax \cos x = (1-a)x \prod_1^\infty \left(1 - \frac{x^2}{\lambda_\nu^2}\right).$$

21. Si les considérations qui précèdent ne s'appliquent pas à la fonction donnée $f(z)$, il sera parfois possible de trouver une fonction rationnelle ou méromorphe $\chi(z)$, se réduisant à l'unité pour $z = 1$ et telle que les conditions énoncées au n° 19 soient vérifiées pour le produit $f(z)\chi\left(\frac{z}{x}\right)$, quel que soit x [1]. Le résidu intégral de l'expression

$$\frac{f(z)\,\chi\left(\frac{z}{x}\right)}{z-x} \tag{26}$$

aura alors une valeur finie qui dépendra en général de x, $\varphi(x)$, et, comme le résidu de cette expression au point $z = x$ est égal à $f(x)$, on en déduit

$$f(x) = \varphi(x) + \mathcal{E}\frac{\left(f(z)\,\chi\left(\frac{z}{x}\right)\right)}{x-z}. \tag{27}$$

Supposons par exemple qu'il soit possible de choisir les cercles c_ν de telle sorte que l'égalité

$$\lim_{\nu=\infty}\frac{f(z_\nu)}{z_\nu^p} = 0,$$

où p désigne un entier positif, ait lieu uniformément pour

$$0 \leqq \psi \leqq 2\pi.$$

Dans ce cas, il suffit de prendre $\chi(z) = z^{-p}$, car l'expression (26) devient alors

$$\frac{f(z)}{z^p}\,\frac{x^p}{z-x},$$

et, en vertu de l'hypothèse admise, elle aura donc zéro pour résidu intégral, quel que soit x. Par suite, l'égalité (27) nous donne

$$f(x) = \mathcal{E}\frac{x^p}{x-z}\left(\frac{f(z)}{z^p}\right).$$

Admettons en particulier que les pôles a_1, a_2, ... de $f(z)$ soient tous simples et distincts de l'origine, et soit A_ν le résidu du pôle a_ν. Dans ce cas, le résidu de l'expression

$$\frac{x^p}{x-z}\,\frac{f(z)}{z^p} \equiv f(z)\left(\frac{1}{x-z} + \frac{1}{z} + \frac{x}{z^2} + \cdots + \frac{x^{p-1}}{z^p}\right)$$

1. Cauchy a fait cette remarque (*Œuvres*, série I, t. VIII, p. 114, 381), sans toutefois en tirer grand profit. Pour le sujet que nous traitons ici, *voir* HERMITE, *Cours d'Analyse*, 4ᵉ édition, 10ᵉ Leçon; PICARD, *Traité d'Analyse*, t. II, Chapitre VI; BOREL, *Leçons sur les fonctions méromorphes*, Chapitre IV.

relatif au pôle a_ν est égal à

$$\frac{A_\nu}{x-a_\nu}\left(\frac{x}{a_\nu}\right)^p \equiv A_\nu\left(\frac{1}{x-a_\nu}+\frac{1}{a_\nu}+\frac{x}{a_\nu^2}+\cdots+\frac{x^{p-1}}{a_\nu^p}\right),$$

tandis que son résidu à l'origine est, d'après l'égalité (7), page 8,

$$f(0)+f'(0)x+\cdots+f^{(p-1)}(0)\frac{x^{p-1}}{(p-1)!},$$

de sorte que la fonction $f(x)$ sera représentée par l'expression

$$f(x)=f(0)+f'(0)x+\cdots+f^{(p-1)}(0)\frac{x^{p-1}}{(p-1)!}+\sum_1^\infty \frac{A_\nu}{x-a_\nu}\left(\frac{x}{a_\nu}\right)^p.$$

Dans cette dernière somme, on doit d'ailleurs réunir les termes en groupes comme nous l'avons expliqué plus haut.

III. — *Calcul de quelques intégrales définies.*

22. Le calcul des résidus constitue la source naturelle des intégrales définies, et Cauchy en a tiré des méthodes générales qui lui ont fourni toutes les intégrales obtenues antérieurement et une multitude d'intégrales nouvelles ([1]). Nous devons nous borner ici à rappeler brièvement les plus importantes de ces méthodes, en les illustrant par quelques exemples caractéristiques.

Nous commençons par tirer de la formule connue

$$(1)\qquad \int_0^\infty e^{-z^2}\,dz=\frac{\sqrt{\pi}}{2}$$

quelques résultats dont nous aurons à faire usage plus loin.

Posons $z=\rho e^{i\psi}$, et considérons l'intégrale $\int e^{-z^2}\,dz$ étendue au contour du secteur formé par l'axe réel positif, le rayon d'argument $\psi=\frac{\pi}{4}$, et l'arc S du cercle $|z|=R$ compris entre ces deux droites. La valeur de cette intégrale est égale à zéro, quelque grand que soit R, puisque la fonction e^{-z^2} est partout holomorphe. Or je

1. En dehors du Mémoire déjà cité de l'année 1814, on consultera en particulier : *Journal de l'École Polytechnique*, Cahier XIX, 1823, p. 571–592; *Œuvres de Cauchy*, série II, t. VI, 1826, p. 256–285, et, avant tout, l'Ouvrage intitulé *Mémoire sur les intégrales définies, prises entre des limites imaginaires* (1825), dont une traduction allemande vient d'être publiée par M. Stäckel.

dis que *l'intégrale prise sur l'arc S s'évanouit lorsque R croît indéfiniment*. En effet, le module de cette intégrale est inférieur à

$$\int_0^{\frac{\pi}{4}} e^{-R^2\cos 2\psi} R\,d\psi \equiv \frac{1}{2}\int_0^{\frac{\pi}{2}} e^{-R^2\cos\psi} R\,d\psi,$$

et, en désignant par a un nombre positif inférieur à $\frac{\pi}{2}$, on a

$$\int_0^{a} e^{-R^2\cos\psi} R\,d\psi < e^{-R^2\cos a}\int_0^{a} R\,d\psi = aR\,e^{-R^2\cos a},$$

expression qui s'annule évidemment pour $R = \infty$, et, d'autre part,

$$\int_a^{\frac{\pi}{2}} e^{-R^2\cos\psi} R\,d\psi < \frac{1}{\sin a}\int_a^{\frac{\pi}{2}} e^{-R^2\cos\psi} R\sin\psi\,d\psi = \frac{1}{R\sin a}(1 - e^{-R^2\cos a}),$$

d'où résulte la proposition énoncée.

Par suite l'intégrale (1), prise le long de l'axe réel positif, aura la même valeur que si l'on y prend pour chemin d'intégration le rayon d'argument $\frac{\pi}{4}$, et, en posant dans ce dernier cas $z = e^{\frac{\pi i}{4}}\rho$, d'où $z^2 = i\rho^2$, on aura donc

$$\int_0^{\infty} e^{-i\rho^2}\,d\rho = e^{-\frac{\pi i}{4}}\,\frac{\sqrt{\pi}}{2}, \tag{2}$$

ou encore, en séparant les parties réelles et imaginaires,

$$\int_0^{\infty} \cos(\rho^2)\,d\rho = \int_0^{\infty} \sin(\rho^2)\,d\rho = \frac{1}{2}\sqrt{\frac{\pi}{2}}.$$

De l'égalité (2) on déduit, en remplaçant ρ par $a\left(t + \frac{b}{a^2}\right)$,

$$\int_{-\infty}^{+\infty} e^{-ia^2t^2 - 2ibt}\,dt = \frac{\sqrt{\pi}}{a} e^{-\frac{\pi i}{4} + i\frac{b^2}{a^2}},$$

et, en ajoutant à cette égalité celle qui en résulte en changeant b en $-b$, on obtient une formule qui nous sera utile :

$$\int_0^{\infty} e^{-ia^2t^2}\cos 2bt\,dt = \frac{\sqrt{\pi}}{2a} e^{-\frac{\pi i}{4} + i\frac{b^2}{a^2}}. \tag{3}$$

23. Voici maintenant une méthode aussi simple que féconde, et dont Cauchy a fait un usage continuel dès ses premières recherches sur ce sujet. Supposons que la fonction $f(z)$ soit uniforme et ne présente qu'un nombre fini de points singuliers dans le demi-plan P_1 situé au-dessus de l'axe réel, en étant d'ailleurs holomorphe sur cet axe, et soit R un nombre positif assez grand pour que les points singuliers en question soient tous intérieurs au cercle décrit de l'origine comme centre avec le rayon R. En désignant par C_R l'arc de ce cercle compris dans le demi-plan P_1, on aura alors, par le théorème fondamental du calcul des résidus,

$$\int_{-R}^{+R} f(z)\,dz + \int_{C_R} f(z)\,dz = 2\pi i \mathcal{E}_{P_1}\big(f(z)\big),$$

et, dans les cas où est vérifiée la condition

$$\lim_{R=\infty} \int_{C_R} f(z)\,dz = 0, \tag{4}$$

on en conclut, en faisant tendre R vers l'infini,

$$\int_{-\infty}^{+\infty} f(z)\,dz = 2\pi i \mathcal{E}_{P_1}\big(f(z)\big). \tag{5}$$

On trouverait de même, sous des conditions analogues,

$$\int_{-\infty}^{+\infty} f(z)\,dz = -2\pi i \mathcal{E}_{P_2}\big(f(z)\big). \tag{5'}$$

P_2 désignant le demi-plan situé au-dessous de l'axe réel.

La condition (4) est certainement remplie si l'égalité

$$\lim_{R=\infty} R\, f(R\, e^{i\psi}) = 0 \tag{6}$$

a lieu uniformément pour $0 \leqq \psi \leqq \pi$. Il en résulte, en particulier, que la formule (5) est applicable toutes les fois que $f(z)$ est une fonction rationnelle, holomorphe sur l'axe réel et admettant le point à l'infini comme zéro du second ordre (ou d'ordre supérieur), ou bien le produit d'une telle fonction par une expression de la forme

$$[(z-z_1)^{\alpha_1}(z-z_2)^{\alpha_2}\cdots]\Big\{[\log(z-z_1)]^{\beta_1}[\log(z-z_2)]^{\beta_2}\cdots\Big\}, \tag{7}$$

où z_1, z_2, ... sont les affixes de points situés au-dessous de l'axe réel, et où la partie réelle de la somme $\alpha_1 + \alpha_2 + \cdots$ est inférieure à l'unité (ou même égale à l'unité, si la partie réelle de la somme $\beta_1 + \beta_2 + \cdots$ est négative).

Mais l'hypothèse (4) est encore vérifiée si l'on a

(8) $$\lim_{R=\infty} \int_0^{\pi} R \left| f(R e^{i\psi}) \right| d\psi = 0,$$

condition qui est évidemment plus générale que (6). On en déduit, en particulier, que la formule (5) est applicable pour

$$f(z) = e^{iaz} \varphi(z),$$

si l'on suppose la constante a positive et l'égalité $\lim\limits_{R=\infty} \varphi(R e^{i\psi}) = 0$ vérifiée uniformément pour $0 \leqq \psi \leqq \pi$, $\varphi(z)$ jouissant d'ailleurs, dans le demi-plan P_1 et sur l'axe réel, des propriétés indiquées au début de ce numéro.

En effet, en désignant par $\varepsilon(R)$ le maximum de $\left|\varphi(R e^{i\psi})\right|$ pour $0 \leqq \psi \leqq \pi$, on aura

$$\int_0^{\pi} R \left| f(R e^{i\psi}) \right| d\psi < \varepsilon(R) \int_0^{\pi} R\, e^{-aR \sin\psi} d\psi.$$

Or l'intégrale qui figure au second membre, et qui peut s'écrire

$$2 \int_0^{\frac{\pi}{2}} Re^{-aR \sin\psi} d\psi,$$

reste au-dessous d'une limite finie quel que soit R, car, en désignant par b un nombre positif inférieur à $\frac{\pi}{2}$, on a

$$\int_b^{\frac{\pi}{2}} R\, e^{-aR \sin\psi} d\psi < \left(\frac{\pi}{2} - b\right) R\, e^{-aR \sin b},$$

expression qui s'annule pour $R = \infty$, et d'autre part

$$\int_0^{b} R\, e^{-aR \sin\psi} d\psi < \frac{1}{\cos b} \int_0^{b} e^{-aR \sin\psi} R \cos\psi \, d\psi = \frac{1}{a \cos b}(1 - e^{-aR \sin b}).$$

Comme d'ailleurs, par hypothèse, $\varepsilon(R)$ s'évanouit pour $R = \infty$, on voit bien que la condition (8) est remplie et que, par suite, la formule (5) est applicable dans l'hypothèse considérée.

On pourra, par exemple, choisir pour $\varphi(z)$ une fonction rationnelle, holomorphe sur l'axe réel et admettant le point à l'infini comme zéro du premier ordre (ou d'ordre supérieur), ou bien le produit d'une telle fonction par une expression de la forme (7), les points $z_1, z_2, \ldots$ étant situés dans le demi-plan P_2, et la partie réelle de $\alpha_1 + \alpha_2 + \cdots$ étant inférieure à l'unité (ou même égale à l'unité, si la partie réelle de la somme $\beta_1 + \beta_2 + \cdots$ est négative).

On trouve, par exemple, en désignant par r une constante dont la partie réelle est positive,

$$\int_{-\infty}^{+\infty} \frac{e^{iaz}}{z - ir}\, dz = 2\pi i\, e^{-ar}, \qquad \int_{-\infty}^{+\infty} \frac{e^{iaz}}{z + ir}\, dz = 0$$

et, en formant la somme et la différence de ces deux égalités, on en déduit les formules de Laplace

$$\int_0^{\infty} \frac{z \sin az}{z^2 + r^2}\, dz = \int_0^{\infty} \frac{z \cos az}{z^2 + r^2}\, dz = \frac{\pi}{2} e^{-ar}.$$

24. Voici une autre méthode générale dont Cauchy ([1]) et Hermite ([2]) ont fait un usage étendu, et sur laquelle nous aurons d'ailleurs à revenir au Chapitre suivant. En posant $z = \tau + it$, admettons que la fonction $f(z)$ soit uniforme et ne présente qu'un nombre fini de points singuliers dans le domaine B_1, défini par les inégalités $a < \tau < b$, $t > 0$, en étant d'ailleurs holomorphe sur le contour de ce domaine, et admettons en outre que la condition

$$\lim_{t=\infty} f(\tau + it) = H_1, \qquad (H_1 = \text{const.}), \tag{9}$$

soit vérifiée uniformément pour $a \leqq \tau \leqq b$.

Prenons un nombre positif δ assez grand pour que les points singuliers de $f(z)$ compris dans B_1 soient tous intérieurs au rectangle retranché de ce domaine par la droite $t = \delta$. En intégrant la fonction $f(z)$ autour du périmètre de ce rectangle, on aura l'égalité

$$\left\{\begin{aligned} \int_a^b f(\tau)\, d\tau = i \int_0^{\delta} \big[f(a + it) - f(b + it)\big]\, dt \\ + \int_a^b f(\tau + i\delta)\, d\tau + 2\pi \mathcal{E}_{B_1}\big(f(z)\big); \end{aligned}\right. \tag{10}$$

on en déduit, en tenant compte de l'hypothèse (9),

$$\left\{\begin{aligned} \int_a^b f(\tau)\, d\tau = i \int_0^{\infty} \big[f(a + it) - f(b + it)\big]\, dt \\ + (b - a)H_1 + 2\pi i \mathcal{E}_{B_1}\big(f(z)\big). \end{aligned}\right. \tag{11}$$

1. *Voir* en particulier *Œuvres*, série I, t. I, 1825, p. 235–285.
2. *Cours d'Analyse*, 13e Leçon.

Dans le cas où la fonction $f(z)$ admet la période $b-a$, le premier terme disparaîtra du second membre de cette formule.

En supposant des conditions analogues à celles qui précèdent vérifiées dans le domaine B_2, symétrique de B_1 par rapport à l'axe réel, on trouve une formule analogue à (11) et que nous nous dispenserons d'écrire ici.

Appliquons cette méthode au cas où l'on a

$$f(z) = \frac{z}{u - e^{-iz}}, \qquad a = -\pi, \qquad b = \pi,$$

u étant une quantité réelle et positive. La fonction $f(z)$ admet pour pôles les points

$$z = i \log u + 2\pi\nu \qquad (\nu = 0, \pm 1, \pm 2, \ldots).$$

Donc, si $u > 1$, le pôle $i \log u$ sera intérieur à B_1, tandis que ce domaine ne comprendra aucun pôle de $f(z)$ lorsque $u < 1$. Il en résulte que le dernier terme de l'expression (11) est, dans le premier cas, égal à $\frac{2\pi i \log u}{u}$ et, dans le second cas, à zéro.

D'autre part, on trouve

$$f(a + it) - f(b + it) = -\frac{2\pi}{u + e^t},$$

d'où il résulte, par un calcul élémentaire, que le premier terme de l'expression (11) a pour valeur

$$-\frac{2\pi i}{u} \log(1 + u).$$

Comme, d'ailleurs, $H_1 = 0$, nous pouvons donc conclure de la formule (11) que l'intégrale

$$\int_{-\pi}^{+\pi} \frac{z\,dz}{u - e^{-iz}}$$

est égale à $\frac{2\pi i}{u} \log\left(\frac{u}{1+u}\right)$ ou à $\frac{2\pi i}{u} \log\left(\frac{1}{1+u}\right)$, suivant que l'on a $u > 1$ ou $u < 1$, et, en séparant les parties réelle et imaginaire, on en déduit pour l'intégrale

$$\int_0^{\pi} \frac{z \sin z\,dz}{u^2 - 2u \cos z + 1}$$

la valeur $\frac{\pi}{u} \log \frac{1+u}{u}$, si $u > 1$, et la valeur $\frac{\pi}{u} \log(1 + u)$, si $u < 1$.

Calculons encore, par la même méthode, la valeur de l'intégrale

$$\int_0^1 \log(\sin \pi z)\, dz, \tag{12}$$

qui nous sera utile plus loin, et, dans ce but, appliquons la formule (10) en y faisant $a = 0$, $b = 1$, $f(z) = \log(\sin \pi z)$. On s'assure en effet aisément que cette formule reste applicable lorsque la fonction $f(z)$ devient infinie aux points a et b, pourvu que son ordre d'infinitude y soit inférieur à l'unité, comme dans le cas présent. On trouve, par une discussion élémentaire,

$$f(a + it) - f(b + it) \equiv \log\left[\frac{\sin \pi it}{\sin \pi(1 + it)}\right] = +\pi i,$$

d'où il résulte

$$i\int_0^\delta \left[f(a + it) - f(b + it)\right] dt = -\pi\delta,$$

et, d'autre part, on déduit de l'égalité $\sin \pi z = \frac{1}{2i}(e^{\pi i z} - e^{-\pi i z})$

$$\sin \pi(\tau + it) = \frac{i}{2} e^{\pi t - \pi i \tau}\left[1 + \varepsilon(t)\right] \text{ (1)},$$

d'où

$$f(\tau + i\delta) = \frac{\pi i}{2} - \log 2 + \pi\delta - \pi i \tau + \varepsilon(\delta)$$

et, par suite,

$$\int_a^b f(\tau + i\delta)\, d\tau = \pi\delta - \log 2 + \varepsilon(\delta).$$

Comme, d'ailleurs, dans l'hypothèse actuelle, le dernier terme de la formule (10) est nul, nous pouvons en conclure, en faisant tendre δ vers l'infini, que *la valeur de l'intégrale* (12) *est égale à* $-\log 2$.

25. Soit encore à calculer l'intégrale

$$\int_0^\infty z^{a-1} \varphi(z)\, dz,$$

a étant une constante dont la partie réelle est positive et inférieure à *un*, et $\varphi(z)$ une fonction rationnelle, s'annulant à l'infini et holomorphe à l'origine et sur l'axe réel positif.

---

1. Pour éviter des redites incessantes, nous conviendrons dès maintenant de désigner indifféremment par $\varepsilon(t)$, $\varepsilon(\delta)$, ..., toute fonction tendant vers zéro lorsque t, δ, ... tendent vers l'infini.

Traçons de l'origine comme centre un cercle c de rayon ε et un autre cercle C de rayon R, de telle sorte qu'ils comprennent entre eux tous les pôles de $\varphi(z)$, et désignons par S le contour fermé qui se compose de ces cercles et des deux bords d'une coupure menée suivant l'axe réel positif. On aura

$$\int_S z^{a-1}\varphi(z)\,dz = 2\pi i \mathcal{E} z^{a-1}\big(\varphi(z)\big),$$

la somme $\mathcal{E}$ s'étendant à tous les pôles de $\varphi(z)$.

Faisons maintenant tendre ε vers zéro et R vers l'infini. Les parties de l'intégrale ci-dessus qui sont relatives aux cercles c et C, tendront vers zéro, en vertu de nos hypothèses. Comme d'ailleurs $z^{a-1} = e^{(a-1)\log z}$ et que $\log z$ augmente de $2\pi i$ lorsqu'on passe d'un point du bord supérieur au point correspondant du bord inférieur de la coupure, le premier membre de l'égalité précédente deviendra

$$(1 - e^{2\pi i a}) \int_0^\infty z^{a-1}\varphi(z)\,dz,$$

et, par suite, on trouve pour l'intégrale donnée l'expression

$$\int_0^\infty z^{a-1}\varphi(z)\,dz = \frac{2\pi i}{1 - e^{2\pi i a}} \mathcal{E} z^{a-1}\big(\varphi(z)\big). \tag{13}$$

Pour $\varphi(z) = \frac{1}{1+z}$, on obtient la formule, due à Euler :

$$\int_0^\infty \frac{z^{a-1}}{1+z}\,dz = \frac{2\pi i}{1 - e^{2\pi i a}} e^{\pi i(a-1)} = \frac{\pi}{\sin \pi a}.$$

En différentiant l'égalité (13) n fois par rapport à la constante a, on trouve la valeur de l'intégrale

$$\int_0^\infty z^{a-1}(\log z)^n \varphi(z)\,dz.$$

D'autre part, si $\varphi(z)$ admet le point à l'infini comme zéro d'un ordre $\geqq 2$, les résultats précédents seront valables pour $a = 1 + \varepsilon$, dès que $0 < \varepsilon < 1$, et, en faisant tendre ε vers zéro, on en déduit les formules

$$\int_0^\infty \varphi(z)\,dz = \lim_{\varepsilon=0} \left\{ \frac{2\pi i}{1 - e^{2\pi i \varepsilon}} \mathcal{E} z^{\varepsilon}\big(\varphi(z)\big) \right\}$$

et

$$\int_0^\infty \varphi(z)(\log z)^n\,dz = \lim_{\varepsilon=0} D_\varepsilon^{(n)} \left\{ \frac{2\pi i}{1 - e^{2\pi i \varepsilon}} \mathcal{E} z^{\varepsilon}\big(\varphi(z)\big) \right\}.$$

On trouverait, par exemple,

$$\int_0^\infty \frac{(\log z)^2}{1+z^2}\,dz = \lim_{\varepsilon=0} D_\varepsilon^{(2)}\left(\frac{\pi}{2\cos\frac{\pi\varepsilon}{2}}\right) = \frac{\pi^3}{8}.$$

CHAPITRE III.

FORMULES SOMMATOIRES TIRÉES DU CALCUL DES RÉSIDUS.

I. — *Recherches de Cauchy. Transformations diverses des formules générales.*

26. Le calcul des résidus permet d'exprimer par une intégrale définie la somme des valeurs que prend une fonction analytique $f(z)$ pour des valeurs entières successives de la variable z. En effet, on a vu (p. 36) que la fonction $\pi \cot \pi z$ admet tout nombre entier ν comme pôle simple de résidu *un*, et il en résulte que la valeur $f(\nu)$ est égale au résidu de l'expression $\pi \cot \pi z\, f(z)$ relatif au point $z = \nu$, pourvu que $f(z)$ y soit holomorphe. Traçons donc un contour fermé simple C enveloppant les points m, $m+1, \ldots, n$, mais laissant à l'extérieur tout autre point dont l'affixe est un nombre entier, et supposons que, à l'intérieur de ce contour, la fonction $f(z)$ soit uniforme et ne présente qu'un nombre fini de points singuliers, distincts des points m, $m+1, \ldots, n$, en étant d'ailleurs holomorphe sur C. Dans ces conditions, on conclut du théorème général des résidus, en utilisant la notation qui a été expliquée page 35,

$$(1) \qquad \frac{1}{2\pi i}\int_C \pi \cot \pi z\, f(z)\, dz = \sum_m^n f(\nu) + \mathcal{E}_C\, \pi \cot \pi z\big(f(z)\big),$$

d'où

$$(2) \qquad \sum_m^n f(\nu) = \frac{1}{2\pi i}\int_C \pi \cot \pi z f(z)\, dz - \mathcal{E}_C\, \pi \cot \pi z\big(f(z)\big),$$

Si, en particulier, la fonction $f(z)$ est holomorphe à l'intérieur de C, le dernier terme de cette égalité disparaîtra.

En observant que le résidu de la fonction $\frac{\pi}{\sin \pi z}$ relatif au pôle $z = \nu$ est égal à $(-1)^\nu$, on arrive de même à la formule

$$(3)\qquad \sum_{m}^{\infty}(-1)^\nu f(\nu) = \frac{1}{2\pi i}\int_C \frac{\pi}{\sin\pi z}f(z)\,dz - \mathcal{E}_C\frac{\pi}{\sin\pi z}\big(f(z)\big),$$

les hypothèses restant les mêmes que ci-dessus.

Les formules qu'on vient d'écrire conduisent facilement à la sommation de certaines séries particulières, renfermant un nombre infini de termes ([1]).

Soit, par exemple, $f(z)$ une fonction rationnelle ou méromorphe, telle que le résidu intégral de l'expression $\pi\cot\pi z\, f(z)$ s'annule (*voir* le n° 17). En prenant pour le contour C un cercle ayant l'origine comme centre et en faisant croître indéfiniment le rayon de ce cercle par des valeurs convenablement choisies, l'intégrale (1) tendra vers zéro, de sorte que l'égalité (2) deviendra

$$(4)\qquad \sum_{-\infty}^{+\infty} f(\nu) = -\mathcal{E}\,\pi\cot\pi z\big(f(z)\big).$$

Si le résidu intégral de l'expression $\frac{\pi}{\sin\pi z}f(z)$ se réduit à zéro, on déduit de même de l'égalité (3) la formule

$$(5)\qquad \sum_{-\infty}^{+\infty}(-1)^\nu f(\nu) = -\mathcal{E}\,\frac{\pi}{\sin\pi z}\big(f(z)\big).$$

On suppose, bien entendu, que les séries qui figurent dans les égalités (4) et (5) soient convergentes et que leurs termes soient réunis en groupes comme l'indique l'égalité (2), page 28.

Comme les modules $|\cot\pi z|$ et $\left|\frac{1}{\sin\pi z}\right|$ restent au-dessous d'une limite finie sur les cercles $|z| = \nu - \frac{1}{2}$, $\nu = 1, 2, \ldots$ (*voir* la note de la page 30), on peut conclure des résultats établis au n° 17 que les conditions énoncées ci-dessus sont vérifiées toutes les fois que $f(z)$ est une fonction rationnelle admettant le point à l'infini comme zéro d'un ordre $\geqq 2$. Dans ce cas, les séries (4) et (5) seront d'ailleurs absolument convergentes.

Si $f(z)$ est une fonction rationnelle ayant $z = \infty$ comme zéro simple, on pourra l'écrire sous la forme $f(z) = \frac{A}{z} + \varphi(z)$, A étant une constante et $\varphi(z)$ une fonction rationnelle admettant $z = \infty$ comme zéro d'un ordre $\geqq 2$. Comme les résidus intégraux des expressions $\frac{\cot\pi z}{z}$ et $\frac{1}{z\sin\pi z}$ se réduisent a zéro, puisque leurs termes

1. Cf. *Œuvres de Cauchy*, série II, t. VII, 1827, p. 345–362.

se détruisent deux à deux, il en sera de même, d'après ce que nous venons de dire, des résidus intégraux des expressions $\pi \cot \pi z f(z)$ et $\frac{\pi}{\sin \pi z} f(z)$ et, par suite, les formules (4) et (5) seront encore applicables, en réunissant toutefois, dans la série (4), les termes correspondant à des valeurs égales et de signes contraires de l'indice ν.

L'égalité (4) nous donne, en faisant par exemple $f(z) = \frac{1}{(x+z)^2}$,

$$\sum_{-\infty}^{+\infty} \frac{1}{(x+\nu)^2} = \frac{\pi^2}{\sin^2 \pi x},$$

et, pour $f(z) = \frac{1}{a+bz^2}$,

$$\sum_{0}^{\infty} \frac{1}{a+b\nu^2} = -\frac{1}{2a} - \frac{1}{2} \mathcal{E} \frac{\pi \cot \pi z}{(a+bz^2)} = -\frac{1}{2a} + \frac{\pi}{2\sqrt{ab}} \frac{e^{\pi\sqrt{\frac{a}{b}}} + e^{-\pi\sqrt{\frac{a}{b}}}}{e^{\pi\sqrt{\frac{a}{b}}} - e^{-\pi\sqrt{\frac{a}{b}}}}.$$

La formule (5) reste valable si l'on pose $f(z) = \varphi(z) \sin az$ ou $f(z) = \varphi(z) \cos az$, $\varphi(z)$ étant une fonction rationnelle s'annulant à l'infini et a une constante réelle comprise entre $-\pi$ et π. En effet, en remplaçant les fonctions trigonométriques par des exponentielles, on constate aisément (*Cf.* la note p. 30), que les expressions

$$\left|\frac{\sin az}{\sin \pi z}\right| \quad \text{et} \quad \left|\frac{\cos az}{\sin \pi z}\right|$$

restent au-dessous d'une limite finie sur les cercles

$$|z| = \nu - \frac{1}{2} \qquad (\nu = 1, 2, \dots)$$

et, d'autre part, que ces mêmes expressions tendent uniformément vers zéro lorsque le point $z \equiv \rho e^{i\psi}$ tend vers l'infini en restant intérieur à l'un des angles $\varepsilon < \psi < \pi - \varepsilon$, $\pi + \varepsilon < \psi < 2\pi - \varepsilon$, ε étant un nombre positif aussi petit que l'on voudra. Comme le module $|z\varphi(z)|$, par hypothèse, reste inférieur à une quantité finie à partir d'une certaine valeur de $|z|$, ces mêmes remarques seront applicables au produit de l'une quelconque des expressions

$$\frac{\pi}{\sin \pi z} \varphi(z) \sin az \quad \text{et} \quad \frac{\pi}{\sin \pi z} \varphi(z) \cos az$$

par le facteur z, et, d'après le n° 17, les résidus intégraux de ces expressions se réduiront donc à zéro, ce qui justifie notre assertion. On aura par suite, sous les conditions énoncées,

$$\sum_1^\infty (-1)^\nu \big[\varphi(\nu) - \varphi(-\nu)\big] \sin \nu a = -\pi \mathcal{E} \frac{\sin az}{\sin \pi z}\big(\varphi(z)\big),$$

$$\varphi(0) + \sum_1^\infty (-1)^\nu \big[\varphi(\nu) + \varphi(-\nu)\big] \cos \nu a = -\pi \mathcal{E} \frac{\cos az}{\sin \pi z}\big(\varphi(z)\big).$$

On trouve, par exemple, pour $\varphi(z) = \frac{1}{x-z}$,

$$\sum_1^\infty (-1)^\nu \frac{\nu \sin \nu a}{x^2 - \nu^2} = \frac{\pi}{2} \frac{\sin ax}{\sin \pi x},$$

$$\sum_1^\infty (-1)^\nu \frac{\cos \nu a}{x^2 - \nu^2} = -\frac{1}{2x^2} + \frac{\pi}{2x} \frac{\cos ax}{\sin \pi x}.$$

Dans certains cas, les formules (4) et (5) permettent de transformer une série donnée en une autre dont la convergence est plus rapide. Ainsi, en faisant dans (5) $f(z) = \frac{z}{e^{\pi a z} - e^{-\pi a z}}$, a étant une constante réelle quelconque, Cauchy en déduit l'égalité

$$\sum_1^\infty (-1)^\nu \frac{\nu}{e^{\pi a \nu} - e^{-\pi a \nu}} = -\frac{1}{4\pi a} - \frac{1}{a^2} \sum_1^\infty (-1)^\nu \frac{\nu}{e^{\frac{\pi \nu}{a}} - e^{-\frac{\pi \nu}{a}}}.$$

Pour les petites valeurs numériques de a, la convergence du second membre est évidemment très rapide, tandis que le premier membre converge lentement.

27. Nous allons maintenant transformer les formules générales établies au début de ce Chapitre, en commençant par la formule (2). Pour simplifier, nous supposerons d'abord la fonction $f(z)$ holomorphe à l'intérieur du contour C, de sorte que le second membre de cette formule se réduit à son premier terme.

Soient α et β les points où C est coupé par l'axe réel

$$(6) \qquad m - 1 < \alpha < m, \quad n < \beta < n + 1,$$

et désignons par $\alpha\gamma'\beta$ la partie supérieure et par $\alpha\gamma''\beta$ la partie inférieure de ce contour. Nous laissant guider par cette observation que $\frac{1}{i} \cot \pi z$ tend vers -1 dans la direction de l'axe imaginaire positif et vers +1 dans la direction opposée, nous substituerons, dans le second membre de la formule (2),

$$\frac{1}{i}\cot \pi z = -1 - \frac{2}{e^{-2\pi i z} - 1} \qquad \text{sur l'arc } \alpha\gamma'\beta$$

et

$$\frac{1}{i}\cot \pi z = \quad 1 + \frac{2}{e^{2\pi i z} - 1} \qquad \text{sur l'arc } \alpha\gamma''\beta.$$

Par ces substitutions, l'expression en question devient

$$\frac{1}{2}\int_{\alpha\gamma''\beta} f(z)\,dz - \frac{1}{2}\int_{\beta\gamma'\alpha} f(z)\,dz + \int_{\alpha\gamma''\beta} \frac{f(z)\,dz}{e^{2\pi i z} - 1} - \int_{\beta\gamma'\alpha} \frac{f(z)\,dz}{e^{-2\pi i z} - 1}.$$

Or on a, en posant $z = \tau + it$,

$$\text{(7)} \qquad \int_{\alpha\gamma''\beta} f(z)\,dz = -\int_{\beta\gamma'\alpha} f(z)\,dz = \int_{\alpha}^{\beta} f(\tau)\,d\tau,$$

puisqu'on suppose la fonction $f(z)$ holomorphe à l'intérieur de C; la formule (2) prendra donc la forme suivante :

$$\text{(8)} \qquad \sum_{m}^{n} f(\nu) = \int_{\alpha}^{\beta} f(\tau)\,d\tau + \int_{\alpha\gamma'\beta} \frac{f(z)\,dz}{e^{-2\pi i z} - 1} + \int_{\alpha\gamma''\beta} \frac{f(z)\,dz}{e^{2\pi i z} - 1}.$$

Prenons, en particulier, pour le contour C un rectangle symétrique par rapport à l'axe réel et dont les côtés verticaux passent respectivement par les points $z = \alpha$ et $z = \beta$. En désignant par 2δ la hauteur de ce rectangle, la formule (8) deviendra

$$\text{(9)} \qquad \sum_{m}^{n} f(\nu) = \int_{\alpha}^{\beta} f(\tau)\,d\tau + I(\alpha, \delta) - I(\beta, \delta) + R(\delta),$$

en posant, pour abréger,

$$I(\tau, \delta) = \int_{\tau}^{\tau + i\delta} \frac{f(z)\,dz}{e^{-2\pi i z} - 1} + \int_{\tau}^{\tau - i\delta} \frac{f(z)\,dz}{e^{2\pi i z} - 1},$$

$$R(\delta) = \int_{\alpha}^{\beta} \frac{f(\tau + i\delta)\,d\tau}{e^{-2\pi i \tau + 2\pi\delta} - 1} + \int_{\alpha}^{\beta} \frac{f(\tau - i\delta)\,d\tau}{e^{2\pi i \tau + 2\pi\delta} - 1}.$$

La formule (9) se simplifie dans le cas où sont vérifiées les conditions suivantes :

1° *La fonction $f(z)$ est holomorphe pour $\alpha \leqq \tau \leqq \beta$, quel que soit t ;*
2° *L'égalité*

$$\lim_{t=\pm\infty} e^{-2\pi|t|} f(\tau + it) = 0 \tag{A}$$

a lieu uniformément pour $\alpha \leqq \tau \leqq \beta$.

En effet, dans ces conditions, la formule (9) reste valable quelque grand que soit δ et, lorsque δ croît indéfiniment, $R(\delta)$ tendra vers zéro, de sorte qu'on obtient

$$\sum_m^n f(\nu) = \int_\alpha^\beta f(\tau)\,d\tau + \lim_{\delta=\infty}\big[I(\alpha,\delta) - I(\beta,\delta)\big]. \tag{I}$$

Resserrons davantage les hypothèses en supposant que :

1° *La fonction $f(z)$ est holomorphe pour $\tau \geqq \alpha$, quelque soit t ;*

2° *La condition* (A) *est vérifiée uniformément pour $\alpha \leqq \tau \leqq \beta$, quelque grand que soit β ;*

3° *La fonction $f(z)$ est assujettie à la condition*

$$\lim_{\tau=\infty} \int_{-\infty}^{+\infty} e^{-2\pi|t|}\, \big|f(\tau + it)\big| = 0. \tag{B}$$

La formule (I) subsistera quelque grand que soit n, et comme l'on a, en posant $\beta = n + \frac{1}{2}$, $z = \beta + it$,

$$\big|I(\beta,\delta)\big| < \int_{-\delta}^{+\delta} \frac{\big|f(\beta + it)\big|}{e^{2\pi|t|} + 1}\,dt < \int_{-\delta}^{+\delta} e^{-2\pi|t|}\, \big|f(\beta + it)\big|\,dt,$$

on voit que l'intégrale $I(\beta,\infty)$ a un sens et qu'elle tend vers zéro lorsque n ou β augmente indéfiniment, de sorte que la formule en question deviendra

$$\sum_m^\infty f(\nu) = \int_\alpha^\infty f(\tau)\,d\tau + \int_\alpha^{\alpha+i\infty} \frac{f(z)\,dz}{e^{-2\pi iz} - 1} + \int_\alpha^{\alpha-i\infty} \frac{f(z)\,dz}{e^{2\pi iz} - 1}, \tag{II}$$

si la série qui figure au premier membre est convergente, et, si cette série diverge,

$$\text{(II)}_a \quad \begin{cases} \displaystyle\lim_{n=\infty}\Big[\sum_m^n f(\nu) - \int_\alpha^{n+\frac{1}{2}} f(\tau)\,d\tau\Big] \\ \displaystyle\qquad = \int_\alpha^{\alpha+i\infty} \frac{f(z)\,dz}{e^{-2\pi iz} - 1} + \int_\alpha^{\alpha-i\infty} \frac{f(z)\,dz}{e^{2\pi iz} - 1}. \end{cases}$$

28. Nous introduirons dès maintenant certaines notations dont nous aurons à faire un usage continuel dans la suite de cet ouvrage. En écrivant toujours $z = \tau + it$, nous poserons

$$\frac{1}{e^{-2\pi iz} - 1} = \Psi(\tau, t) + iX(\tau, t), \tag{10}$$

d'où

$$\begin{cases} \Psi(\tau, t) = \dfrac{\cos 2\pi\tau - e^{-2\pi t}}{e^{2\pi t} - 2\cos 2\pi\tau + e^{-2\pi t}}, \\[2ex] X(\tau, t) = \dfrac{\sin 2\pi\tau}{e^{2\pi t} - 2\cos 2\pi\tau + e^{-2\pi t}}, \end{cases} \tag{11}$$

et, d'autre part,

$$\begin{cases} p(\tau, t) = \dfrac{1}{2}\big[f(\tau + it) + f(\tau - it)\big], \\[2ex] q(\tau, t) = \dfrac{1}{2i}\big[f(\tau + it) - f(\tau - it)\big], \end{cases} \tag{12}$$

de sorte que $p(\tau, t)$ et $iq(\tau, t)$ représentent respectivement les parties réelle et imaginaire de la fonction $f(\tau + it)$, dans le cas où celle-ci est réelle pour $t = 0$.

Avec ces notations, le premier terme de l'expression $I(\tau, \delta)$ s'écrit

$$i\int_0^\delta \big[p(\tau, t) + iq(\tau, t)\big]\big[\Psi(\tau, t) + iX(\tau, t)\big]\, dt,$$

et comme le second terme se déduit du premier en changeant i en $-i$, il en résulte

$$I(\tau, \delta) = -2\int_0^\delta Q(\tau, t)\, dt,$$

où

$$Q(\tau, t) = p(\tau, t)\, X(\tau, t) + q(\tau, t)\, \Psi(\tau, t). \tag{13}$$

On pourra donc écrire les égalités (I) et (II) sous la forme

$$\sum_m^n f(\nu) = \int_\alpha^\beta f(\tau)\, d\tau - 2\int_0^\infty \big[Q(\alpha, t) - Q(\beta, t)\big]\, dt, \tag{I'}$$

$$\sum_m^\infty f(\nu) = \int_\alpha^\infty f(\tau)\, d\tau - 2\int_0^\infty Q(\alpha, t)\, dt, \tag{II'}$$

Dans le cas où l'on a

$$\alpha = m - \frac{1}{2} \qquad \text{ou} \qquad \beta = n + \frac{1}{2},$$

ces formules se simplifient, en vertu de l'égalité

$$Q\left(\nu + \frac{1}{2}, t\right) = -\frac{q(\nu + \frac{1}{2}, t)}{e^{2\pi t} + 1}, \tag{14}$$

qui a lieu pour tout nombre entier ν.

29. Les formules qu'on vient d'établir supposent essentiellement les nombres α et β compris entre les limites (6), et doivent être modifiées si l'une de ces limites est atteinte.

Faisons d'abord tendre α vers $m-1$, et cherchons la modification qui en résultera pour la formule (9). Pour simplifier le calcul, nous allons reprendre un moment l'égalité (8), en choisissant le contour d'intégration comme l'indique la figure ci-dessous, où les arcs c' et c'' font partie d'un cercle décrit du point $m - 1$ comme centre avec le rayon ε, et où l'on a

$$\alpha = m - 1 + \varepsilon, \qquad a' = m - 1 + i\varepsilon, \qquad b' = m - 1 + i\delta,$$
$$a'' = m - 1 - i\varepsilon, \qquad b'' = m - 1 - i\delta.$$

Le contour C étant ainsi choisi, on doit d'abord substituer $m - 1$ à α dans le terme $R(\delta)$ de l'égalité (9), et, d'autre part, les deux intégrales qui figurent dans l'expression $I(\alpha, \delta)$ doivent être prises respectivement le long du chemin $\alpha a'b'$ (composé de l'arc c' et du segment rectiligne $a'b'$) et le long du chemin symétrique $\alpha a''b''$.

Fig. 2.

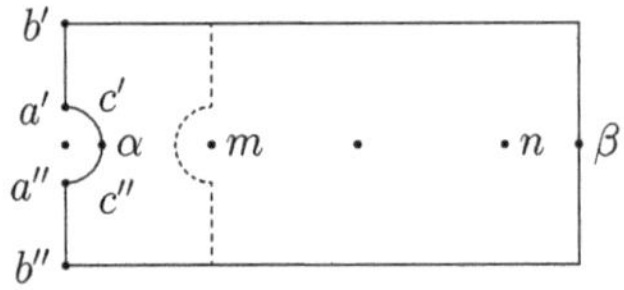

La somme des intégrales relatives aux segments $a'b'$ et $a''b''$ s'écrit, en posant $z = m - 1 + it$, et en utilisant la notation (12),

$$i\int_{\varepsilon}^{\delta} \frac{f(m-1+it) - f(m-1-it)}{e^{2\pi t} - 1}\,dt = -2\int_{\varepsilon}^{\delta} \frac{q(m-1,t)}{e^{2\pi t} - 1}\,dt.$$

Sur l'arc c' on a

$$\frac{f(z)}{e^{-2\pi iz}-1} = -\frac{1}{2\pi i}\frac{f(z)}{z-(m-1)} + \varphi(z),$$

le module de $\varphi(z)$ restant au-dessous d'une limite finie lorsque ε décroît vers zéro. Il en résulte que l'intégrale prise le long de cet arc et qui s'écrit, en posant $z-(m-1) = \varepsilon\, e^{i\psi}$,

$$-\frac{1}{2\pi}\int_0^{\frac{\pi}{2}} f(m-1+\varepsilon\, e^{i\psi})\, d\psi + i\varepsilon\int_0^{\frac{\pi}{2}} \varphi(z)\, e^{i\psi}\, d\psi,$$

tend vers $-\frac{1}{4}f(m-1)$ lorsque ε s'annule, et un raisonnement identique montre qu'il en est de même de l'intégrale prise sur l'arc c''. Donc la somme de ces deux intégrales aura pour limite $-\frac{1}{2}f(m-1)$ (1).

On voit, en somme, en choisissant le contour d'intégration comme il a été dit et en faisant ensuite tendre ε vers zéro, que l'égalité (9) subsiste encore pour $\alpha = m-1$, à condition de poser

$$I(m-1,\delta) = -\frac{1}{2}f(m-1) - 2\int_0^{\delta}\frac{q(m-1,t)}{e^{2\pi t}-1}\,dt.$$

En modifiant le contour comme l'indique la ligne marquée dans la figure en pointillé, et en faisant ensuite s'évanouir le rayon du demi-cercle, on conclut de même que l'égalité en question subsiste aussi pour $\alpha = m$, si l'on pose

$$I(m,\delta) = \frac{1}{2}f(m) - 2\int_0^{\delta}\frac{q(m,t)}{e^{2\pi t}-1}\,dt.$$

Des remarques analogues s'appliquent à l'expression $I(\beta,\delta)$, lorsque le nombre β tend vers l'une ou l'autre des deux limites entre lesquelles il est compris.

Les résultats qui précèdent permettent de modifier de différentes manières les formules établies aux n°s 27 et 28.

1. Il importe d'observer, en vue d'applications ultérieures, que ce résultat repose sur la seule hypothèse que la fonction $f(z)$ prend une valeur finie et déterminée au point $z = m-1$ (qu'elle y soit holomorphe ou non), de telle sorte que la différence $f(z) - f(m-1)$ tende uniformément vers zéro avec ε pour $-\frac{\pi}{2} \leqq \psi \leqq \frac{\pi}{2}$.

Ainsi, en faisant dans l'égalité (9) $\alpha = m, \beta = n, \delta = \infty$, on en déduit la formule

$$\text{(III)} \qquad \left\{ \begin{aligned} \sum_m^n f(\nu) = \frac{1}{2}\big[f(m) + f(n)\big] \\ + \int_m^n f(\tau)\, d\tau - 2\int_0^\infty \frac{q(m,t) - q(n,t)}{e^{2\pi t} - 1}\, dt, \end{aligned} \right.$$

qui subsiste lorsque les deux premières conditions de la page 54 sont vérifiées pour $\alpha = m, \beta = n$.

Si les trois dernières conditions de la page 54 sont remplies pour $\alpha = m$, on pourra faire croître indéfiniment le nombre n dans la formule précédente, et l'on trouve alors

$$\text{(IV)} \qquad \sum_m^\infty f(\nu) = \frac{1}{2}f(m) + \int_m^\infty f(\tau)\, d\tau - 2\int_0^\infty \frac{q(m,t)}{e^{2\pi t} - 1}\, dt.$$

Dans le cas où lesdites conditions se trouvent vérifiées pour $\alpha = m - 1$, on aura aussi

$$\text{(V)} \qquad \sum_m^\infty f(\nu) = -\frac{1}{2}f(m-1) + \int_{m-1}^\infty f(\tau)\, d\tau - 2\int_0^\infty \frac{q(m-1,t)}{e^{2\pi t} - 1}\, dt,$$

formule qui reste encore valable dans le cas où $f(z)$ présente au point $z = m - 1$ le caractère indiqué dans la note de la page 57.

Si la série qui figure au premier membre des deux dernières formules était divergente, on devrait les remplacer par d'autres analogues à $(\text{II})_a$.

30. Appliquons à la fonction $f(x + z)$ la formule (9) en posant $m = n = 0$, et faisons tendre α vers 0, β vers 1 et δ vers ∞, ce qui est permis si l'on suppose les deux premières conditions de la page 54 vérifiées pour $x_1 \leqq \tau \leqq x_1 + 1$, x_1 désignant la partie réelle de x. En tenant compte des résultats établis au n° 29, on trouvera

$$\begin{aligned} f(x) = -\frac{1}{2}\big[f(x+1) - f(x)\big] + \int_0^1 f(x+\tau)\, d\tau \\ + 2\int_0^\infty \frac{q(x+1,t) - q(x,t)}{e^{2\pi t} - 1}\, dt. \end{aligned}$$

Comme d'ailleurs $\int_0^1 f(x+\tau)\, d\tau = \int_x^{x+1} f(x)\, dx$, il en résulte que la fonction

$$\text{(VI)} \qquad \Phi(x) = -\frac{1}{2}f(x) + \int^x f(x)\, dx + 2\int_0^\infty \frac{q(x,t)\, dt}{e^{2\pi t} - 1}$$

(en supposant, bien entendu, que la dernière intégrale ait un sens, ce qui ne résulte pas nécessairement des conditions de la page 54, et en fixant convenablement la limite inférieure de la première intégrale) jouit de la propriété

$$\Phi(x+1) - \Phi(x) = f(x).$$

En d'autres termes, $\Phi(x)$ est ce qu'on appelait autrefois *l'intégrale finie de la fonction* $f(x)$, et qu'on désignait par $\sum f(x)$.

31. Voici une autre transformation de la formule (8) qui nous sera utile plus loin. En y substituant

$$(15)\qquad \begin{cases} \dfrac{1}{e^{-2\pi iz}-1} = e^{2\pi iz} + e^{4\pi iz} + \cdots + e^{2\mu\pi iz} + \dfrac{e^{2\mu\pi iz}}{e^{-2\pi iz}-1}, \\ \dfrac{1}{e^{2\pi iz}-1} = e^{-2\pi iz} + e^{-4\pi iz} + \cdots + e^{-2\mu\pi iz} + \dfrac{e^{-2\mu\pi iz}}{e^{2\pi iz}-1}, \end{cases}$$

et en remarquant qu'on a, pour chaque indice ν,

$$\int_{\alpha\gamma'\beta} e^{2\nu\pi iz} f(z)\,dz + \int_{\alpha\gamma''\beta} e^{-2\nu\pi iz} f(z)\,dz = 2\int_\alpha^\beta f(\tau)\cos 2\nu\pi\tau\,d\tau,$$

puisque la fonction $f(z)$ est, par hypothèse, holomorphe à l'intérieur du contour C, on trouve d'abord

$$(16)\qquad \begin{cases} \displaystyle\sum_m^n f(\nu) = \int_\alpha^\beta f(\tau)\,d\tau + 2\sum_1^\mu \int_\alpha^\beta f(\tau)\cos 2\nu\pi\tau\,d\tau \\ \displaystyle\qquad + \int_{\alpha\gamma''\beta} \frac{e^{2\mu\pi iz} f(z)}{e^{-2\pi iz}-1}\,dz + \int_{\alpha\gamma''\beta} \frac{e^{-2\mu\pi iz} f(z)}{e^{2\pi iz}-1}\,dz. \end{cases}$$

Supposons maintenant la condition

$$\lim_{t=\pm\infty} e^{-2(\mu+1)\pi|t|} f(\tau+it) = 0$$

vérifiée uniformément pour $\alpha \leqq \tau \leqq \beta$ et la fonction $f(z)$ holomorphe dans la bande correspondante.

En choisissant pour le contour C le même rectangle que page 52, et en faisant croître δ indéfiniment, on trouve alors que les parties des deux dernières intégrales ci-dessus qui sont relatives aux côtés horizontaux de ce rectangle tendent vers zéro, de sorte que la formule (16) se simplifie.

Admettons, en particulier, que les conditions énoncées tout à l'heure soient remplies pour $0 \leqq \tau \leqq n$; remplaçons dans l'égalité (16) n par $n-1$ et m par l'unité, faisons tendre α vers 0, β vers n et δ vers ∞, et ajoutons aux deux membres le terme $f(0)$. En suivant fidèlement la méthode exposée au n° 29, nous trouvons ainsi la formule dont nous aurons bientôt à faire usage :

$$\text{(VII)} \quad \begin{cases} \displaystyle\sum_{0}^{n-1} f(\nu) = \frac{1}{2}\big[f(0) - f(n)\big] + \int_0^n f(\tau)\,d\tau \\ \displaystyle\qquad + 2\sum_{1}^{\mu} \int_0^n f(\tau) \cos 2\nu\pi\tau\,d\tau \\ \displaystyle\qquad + 2\int_0^{\infty} \big[q(n,t) - q(0,t)\big] \frac{e^{-2\mu\pi t}}{e^{2\pi t} - 1}\,dt. \end{cases}$$

32. Nous avons établi les formules des n°s 27–31 en supposant la fonction $f(z)$ holomorphe en tout point de la région limitée par le contour d'intégration. Mais il est facile de voir comment se modifient ces formules dans le cas où $f(z)$, tout en restant uniforme dans cette région, y possède un nombre fini de points singuliers.

Pour fixer les idées, supposons que la fonction $f(z)$ présente ce caractère dans la bande B, définie par les inégalités $\alpha < \tau < \beta$, et cherchons comment se modifie la formule (I). Pour arriver à un résultat simple et précis, nous admettrons qu'aucun des points singuliers de $f(z)$ compris dans B n'est situé sur l'axe réel.

Reprenons alors la formule (2), en choisissant le contour C comme à la page 52, mais en prenant δ assez grand pour que les points singuliers dont il s'agit soient tous intérieurs à ce contour.

Dans l'hypothèse actuelle, on doit d'abord tenir compte du dernier terme de la formule (2), qui s'écrit $-\mathcal{E}_B \pi \cot \pi z\big(f(z)\big)$, ce qui constitue une première modification du raisonnement donné au n° 27 ; d'autre part, les égalités (7) devront maintenant être remplacées par les suivantes :

$$\int_{\alpha\gamma'\beta} f(z)\,dz = \int_\alpha^\beta f(\tau)\,d\tau - 2\pi i\,\mathcal{E}_{B_1}\big(f(z)\big),$$

$$\int_{\alpha\gamma''\beta} f(z)\,dz = \int_\alpha^\beta f(\tau)\,d\tau + 2\pi i\,\mathcal{E}_{B_2}\big(f(z)\big),$$

B_1 et B_2 désignant respectivement les moitiés supérieure et inférieure de la bande B. Le reste de notre raisonnement ne subit aucune modification, et nous arrivons donc à cette conclusion que, *dans l'hypothèse admise ci-dessus, on doit retrancher du second membre de la formule* (I) *l'expression*

$$\mathcal{E}_B \pi \cot \pi z\big(f(z)\big) + \pi i \Big\{\mathcal{E}_{B_1}\big(f(z)\big) - \mathcal{E}_{B_2}\big(f(z)\big)\Big\},$$

laquelle, à l'aide des substitutions indiquées au début du n° 27, peut encore être mise sous la forme

$$2\pi i \left\{\mathcal{E}_{B_2} \frac{\big(f(z)\big)}{e^{2\pi i z} - 1} - \mathcal{E}_{B_1} \frac{\big(f(z)\big)}{e^{-2\pi i z} - 1}\right\}.$$

Les autres formules subiront des modifications analogues.

33. Voici une dernière transformation de la formule (2) qui s'opère immédiatement, et dont nous aurons à tirer parti plus loin. Supposons de nouveau la fonction $f(z)$ holomorphe sur C et à l'intérieur de ce contour. Il en sera alors de même de sa fonction intégrale $F(z)$, et, en intégrant par parties, on pourra donc écrire la formule dont il s'agit sous la forme

$$\sum_m^n f(\nu) = \frac{1}{2\pi i} \int_C \left(\frac{\pi}{\sin \pi z}\right)^2 F(z)\, dz.$$

Admettons, en particulier, que les trois dernières conditions de la page 54 soient vérifiées pour la fonction $F(z)$, et choisissons le contour C comme au n° 27. En observant que le module de $\sin \pi z$ se comporte asymptotiquement comme l'expression $\frac{1}{2} e^{\pi |t|}$ sur toute droite parallèle à l'axe imaginaire, on s'assure qu'il est permis de faire tendre successivement δ et n vers l'infini, dans l'égalité ci-dessus, et l'on obtient ainsi la formule

$$\text{(VIII)} \qquad \sum_m^\infty f(\nu) = -\frac{1}{2\pi i} \int_{\alpha - i\infty}^{\alpha + i\infty} \left(\frac{\pi}{\sin \pi z}\right)^2 F(z)\, dz,$$

α étant un nombre quelconque compris entre $m - 1$ et m.

34. Passons à la formule (3) et indiquons-en rapidement quelques transformations, analogues à celles que nous avons fait subir plus haut à la formule (2).

Admettons que *la fonction $f(z)$ est holomorphe dans la bande $\alpha \leqq \tau \leqq \beta$* et que *l'égalité*

$$(\mathrm{A}_1) \qquad \lim_{t = \pm\infty} e^{-\pi |t|} f(\tau + it) = 0$$

a lieu uniformément pour $\alpha \leqq \tau \leqq \beta$.

En choisissant le contour C comme au n° 27, la formule (3) est alors applicable quel que soit δ, et devient pour $\delta = \infty$:

$$\text{(IX)} \quad \begin{cases} \sum_m^n (-1)^\nu f(\nu) \\ \quad = \dfrac{1}{2\pi i} \lim_{\delta=\infty} \left[\displaystyle\int_{\beta-i\delta}^{\beta+i\delta} \frac{\pi}{\sin \pi z} f(z)\, dz - \int_{\alpha-i\delta}^{\alpha+i\delta} \frac{\pi}{\sin \pi z} f(z)\, dz \right]. \end{cases}$$

Si l'on pose

$$\frac{1}{2i \sin \pi z} \equiv \frac{1}{e^{\pi i z} - e^{-\pi i z}} = -\left[\Psi_1(\tau, t) + i X_1(\tau, t)\right],$$

d'où

$$\text{(17)} \quad \begin{cases} \Psi_1(\tau, t) = \dfrac{\cos \pi\tau (e^{\pi t} - e^{-\pi t})}{e^{2\pi t} - 2\cos 2\pi\tau + e^{-2\pi t}}, \\ X_1(\tau, t) = \dfrac{\sin \pi\tau (e^{\pi t} + e^{-\pi t})}{e^{2\pi t} - 2\cos 2\pi\tau + e^{-2\pi t}}, \end{cases}$$

et d'autre part, en se servant toujours de la notation (12), page 55,

$$\text{(18)} \quad Q_1(\tau, t) = p(\tau, t)\, X_1(\tau, t) + q(\tau, t)\, \Psi_1(\tau, t),$$

on pourra écrire (IX) sous la forme

$$\text{(IX')} \quad \sum_m^n (-1)^\nu f(\nu) = 2 \int_0^\infty \left[Q_1(\beta, t) - Q_1(\alpha, t)\right] dt.$$

Resserrons les hypothèses, en supposant que *les conditions énoncées ci-dessus sont vérifiées quelque grand que soit* β, et que *la fonction* $f(z)$ *est assujettie à la condition*

$$\text{(B}_1\text{)} \quad \lim_{\tau=\infty} \int_{-\infty}^{+\infty} e^{-\pi|t|} \left|f(\tau + it)\right| dt = 0.$$

On pourra alors faire croître indéfiniment le nombre n dans les formules ci-dessus, et l'on trouve ainsi

$$\text{(X)} \quad \sum_m^\infty (-1)^\nu f(\nu) = -\int_{\alpha-i\infty}^{\alpha+i\infty} \frac{f(z)\, dz}{e^{\pi i z} - e^{-\pi i z}} = -2 \int_0^\infty Q_1(\alpha, t)\, dt.$$

Lorsque $\alpha = m - \frac{1}{2}$ ou $\beta = n + \frac{1}{2}$, les formules précédentes prennent un aspect plus simple, à cause de la relation

$$Q_1\left(\nu + \frac{1}{2}\right) = (-1)^\nu \frac{p\left(\nu + \frac{1}{2}, t\right)}{e^{\pi t} + e^{-\pi t}}. \tag{19}$$

D'autres modifications de ces formules s'obtiennent en faisant coïncider α ou β avec l'une des limites (6). Ainsi la formule (IX) devient, pour $\alpha = m, \beta = n$,

$$\text{(XI)} \qquad \left\{ \begin{aligned} \sum_m^n (-1)^\nu f(\nu) &= (-1)^m \frac{f(m)}{2} + (-1)^n \frac{f(n)}{2} \\ &\quad - 2\int_0^\infty \frac{(-1)^m q(m,t) - (-1)^n q(n,t)}{e^{\pi t} - e^{-\pi t}}\, dt, \end{aligned} \right.$$

et la formule (X), pour $m = 1, \alpha = 0$,

$$\text{(XII)} \qquad \sum_1^\infty (-1)^{\nu+1} f(\nu) = \frac{1}{2} f(0) + 2\int_0^\infty \frac{q(0,t)\, dt}{e^{\pi t} - e^{-\pi t}}.$$

En adoptant les notations du n° 27, on pourra écrire la formule (3) sous la forme suivante :

$$\sum_m^n (-1)^\nu f(\nu) = \int_{\alpha\gamma''\beta} \frac{f(z)\, dz}{e^{\pi iz} - e^{-\pi iz}} - \int_{\alpha\gamma'\beta} \frac{f(z)\, dz}{e^{\pi iz} - e^{-\pi iz}},$$

la fonction $f(z)$ étant toujours supposée holomorphe à l'intérieur du contour C. Substituons respectivement dans les deux intégrales

$$\begin{aligned} \frac{1}{e^{\pi iz} - e^{-\pi iz}} &= \sum_0^{\mu-1} e^{-(2\nu+1)\pi iz} + \frac{e^{-2\mu\pi iz}}{e^{\pi iz} - e^{-\pi iz}}, \\ \frac{1}{e^{\pi iz} - e^{-\pi iz}} &= -\sum_0^{\mu-1} e^{(2\nu+1)\pi iz} + \frac{e^{2\mu\pi iz}}{e^{\pi iz} - e^{-\pi iz}}; \end{aligned}$$

nous obtenons une formule qui nous sera utile plus loin :

$$\sum_m^n (-1)^\nu f(\nu) = 2\sum_0^{\mu-1} \int_\alpha^\beta f(\tau) \cos(2\nu+1)\pi\tau\, d\tau + R_\mu, \tag{20}$$

avec

$$R_\mu = \int_{\alpha\gamma''\beta} \frac{e^{-2\mu\pi i z} f(z)}{e^{\pi i z} - e^{-\pi i z}} dz - \int_{\alpha\gamma'\beta} \frac{e^{2\mu\pi i z} f(z)}{e^{\pi i z} - e^{-\pi i z}} dz.$$

Dans le cas où la fonction $f(z)$, tout en étant uniforme et en vérifiant les autres conditions indiquées ci-dessus, présente dans la bande B, définie par l'inégalité $\alpha < \tau < \beta$, un nombre fini de points singuliers, distincts des points m, $m+1, \ldots, n$, on doit dans les formules précédentes retrancher du second membre le terme $\mathcal{E}_B \frac{\pi}{\sin \pi z}\big(f(z)\big)$, comme le montre l'égalité (3).

35. *Notes historiques.*—L'histoire des formules sommatoires que nous venons d'établir est des plus intéressantes, et montre clairement avec quelle difficulté les idées générales se sont fait jour dans l'Analyse. Nous publierons ici les données que nous avons pu recueillir sur ce sujet, sans avoir d'ailleurs la prétention d'être complet.

C'est la formule (VI), page 58, qui a attiré d'abord l'attention des géomètres. Elle a été donnée en 1820 par Plana, dans un Mémoire intitulé : *Sur une nouvelle expression analytique des nombres bernoulliens, propre à exprimer en termes finis la formule générale pour la sommation des suites* (*Memorie della Accademia di Torino*, t. XXV, p. 403–418). Comme l'indique le titre de son Mémoire, Plana avait établi cette formule, *aussi remarquable par sa simplicité que par sa généralité*, en partant de la formule sommatoire d'Euler, donc par un calcul purement formel.

Trois ans plus tard, Abel est de son côté arrivé à cette formule *très remarquable*, en suivant identiquement la même voie que Plana. *Voir* la Note : *Solution de quelques problèmes à l'aide d'intégrales définies* (*Œuvres complètes d'Abel*, édition Sylow-Lie, t. I, p. 11–27), où se trouve aussi (p. 27) la formule (XII) du n° 34. Dans une deuxième Note de l'année 1825 : *L'intégrale finie* $\sum^n \varphi(x)$ *exprimée par une intégrale définie simple* (*ibid.*, p. 34–39), Abel a donné diverses généralisations et une nouvelle démonstration de la formule (VI), mais cette démonstration n'est pas plus rigoureuse que la première.

Seule la théorie des fonctions d'une variable complexe pouvait servir de fondement aux formules qui nous occupent, et, en effet, c'est Cauchy qui, sans connaître les travaux de Plana et d'Abel, a donné le premier une démonstration parfaitement exacte des formules (I) et (III), dans son *Mémoire sur les développements des fonctions en séries périodiques*, lu à l'Académie le 27 février 1826 (*Mémoires de l'Institut*, t. VI, p. 603–612), Mémoire dont nous aurons à nous occuper ultérieurement. La démonstration de Cauchy, fondée sur la théorie des intégrales singulières, et qui est, à un certain point de vue, la plus simple qu'on puisse donner, fournit immédiatement ces formules sous leur forme générale ; mais cependant Cauchy les a établies uniquement pour le cas où la somme figurant au premier membre se réduit à un seul terme.

Il restait donc encore une lacune à combler, et c'est ce qu'a fait Schaar dans un travail intitulé : *Mémoires sur les intégrales eulériennes et sur la convergence d'une certaine classe de séries* (*Mémoires couronnés et Mémoires des savants étrangers publiés par l'Académie de Belgique*, t. XXII, 1848, p. 3–25), travail qui aurait bien mérité de ne pas tomber dans l'oubli.

Il en est de même du Mémoire de GENOCCHI : *Sulla formula sommatoria di Eulero e sulla teorica de' residui quadratici* (*Annali di Scienze matematiche e fisiche*, t. III, 1852, p. 406–436), qui renferme des applications importantes dont nous parlerons plus loin, ainsi que d'un second Mémoire du même auteur : *Intorno ad alcune formule sommatorie* (*ibid.*, t. VI, 1855, p. 70–114), où sont précisées les conditions dans lesquelles sont applicables les formules de Cauchy et Schaar.

Citons aussi deux Mémoires de moindre importance, mais ayant rapport au même sujet, par TORTOLINI : *Sopra gli integrali a differenze finite espressi per integrali definiti* (*Annali di Scienze mat. e fis.*, t. IV, 1853), et par MAINARDI : *Intorno ad una equazione di Poisson* (*ibid.*).

A partir de cette époque, il semble que les formules en question soient restées à peu près inaperçues des géomètres, jusqu'en 1889, date à laquelle KRONECKER est revenu sur le sujet dans son Mémoire : *Bemerkungen über die Darstellung von Reihen durch Integrale* (*Journal de Crelle*, t. 105, p. 345–354), en prenant pour point de départ les Mémoires d'Abel, et sans connaître ni celui de Cauchy, ni ceux de Schaar et de Genocchi.

De son côté, M. PETERSEN a donné une démonstration et diverses applications de la formule d'Abel, dans ses *Vorlesungen über Funktionstheorie* (Copenhague, 1898). D'autres applications des formules sommatoires ont été données par HERMITE et par MM. MELLIN, JENSEN et H. WEBER, dans des Mémoires que nous citerons ultérieurement.

Ayant de notre côté retrouvé les formules données ci-dessus, nous en avons développé de nombreuses conséquences dans un Mémoire intitulé : *Quelques applications d'une formule sommatoire générale* (*Acta Societatis Scientiarum Fennicæ*, t. XXXI, n° 3, 1902), dont un extrait a été publié dans le Tome XXVII des *Acta Mathematica*, et auquel nous avons beaucoup emprunté dans cet ouvrage.

II. — *Quelques applications des formules précédentes.*

36. Comme première application, faisons dans la formule (III) $f(z) = \log z$, d'où il résulte, d'après la seconde des égalités (12),

$$q(\tau, t) = \operatorname{arc\,tang} \frac{t}{\tau}.$$

En prenant $m = 1$, nous trouvons ainsi

$$\log(1 \cdot 2 \cdot \cdots \cdot n) = \left(n + \frac{1}{2}\right)\log n - n + 1 - 2\int_0^\infty \operatorname{arc\,tang} t \,\frac{dt}{e^{2\pi t} - 1} + 2\int_0^\infty \operatorname{arc\,tang} \frac{t}{n}\, \frac{dt}{e^{2\pi t} - 1}.$$

On a d'autre part, par la formule de Stirling,

$$\log(1\cdot 2\cdot\cdots\cdot n) = \left(n+\frac{1}{2}\right)\log n - n + \log\sqrt{2\pi} + \varepsilon(n), \tag{1}$$

$\varepsilon(n)$ tendant vers zéro lorsque n croît indéfiniment, et, comme le dernier terme de l'égalité précédente jouit de la même propriété, on en déduit

$$1 - 2\int_0^\infty \operatorname{arc\,tang} t\,\frac{dt}{e^{2\pi t}-1} = \log\sqrt{2\pi}. \tag{2}$$

Soit, en second lieu, $f(z) = \frac{1}{z}$, d'où $q(\tau,t) = -\frac{t}{\tau^2+t^2}$, et appliquons encore la formule (III). On aura, en faisant tendre n vers l'infini,

$$\lim_{n=\infty}\left(\sum_m^n \frac{1}{\nu} - \log n\right) = \frac{1}{2m} - \log m + 2\int_0^\infty \frac{t}{m^2+t^2}\,\frac{dt}{e^{2\pi t}-1}.$$

Pour $m = 1$, le premier membre est, par définition, égal à *la constante d'Euler*; en la désignant par C, on aura donc

$$C = \frac{1}{2} + 2\int_0^\infty \frac{t}{1+t^2}\,\frac{dt}{e^{2\pi t}-1}, \tag{3}$$

expression due à Poisson ([1]). D'autre part, en ajoutant aux deux membres de l'égalité ci-dessus la somme $1+\frac{1}{2}+\cdots+\frac{1}{m-1}$, on en déduit la formule, avantageuse pour le calcul de C :

$$C = 1 + \frac{1}{2} + \cdots + \frac{1}{m-1} + \frac{1}{2m} - \log m + 2\int_0^\infty \frac{t}{m^2+t^2}\,\frac{dt}{e^{2\pi t}-1}.$$

Les applications qui précèdent avaient été données déjà par Plana et Abel, dans les Mémoires cités page 68.

37. Faisons maintenant dans nos formules $f(z) = e^{-xz}$, d'où

$$p(\tau,t) = e^{-x\tau}\cos xt, \quad q(\tau,t) = -e^{-x\tau}\sin xt,$$

Ceci est permis si l'on suppose *x réel et positif*, car les conditions de la page 54 sont alors vérifiées quels que soient α et β.

---

1. *Mémoires de l'Institut de France*, Année 1811, seconde Partie, p. 223.

Appliquons d'abord la formule (V), page 58, avec $m = 1$; il vient

$$\frac{1}{e^x - 1} = -\frac{1}{2} + \frac{1}{x} + 2\int_0^\infty \frac{\sin xt}{e^{2\pi t} - 1}\,dt, \tag{4}$$

égalité due à Legendre. En développant le dernier terme suivant les puissances de x, et en comparant le résultat avec l'égalité (5), page 30, on en déduit pour les nombres de Bernoulli l'expression

$$B_k = 4k\int_0^\infty \frac{t^{2k-1}\,dt}{e^{2\pi t} - 1} = \frac{2k(2k-1)}{\pi}\int_0^\infty t^{2k-2}\log\left(\frac{1}{1 - e^{-2\pi t}}\right)dt, \tag{5}$$

qui, sous une forme différente, avait été donnée déjà par Euler. C'est précisément en partant de cette expression que Plana et Abel avaient établi leur formule sommatoire.

La formule (II'), page 55, nous donne, en faisant $m = 1$, $0 < \alpha < 1$, et en multipliant les deux membres par $e^{\alpha x}$,

$$\frac{e^{\alpha x}}{e^x - 1} = \frac{1}{x} + 2\int_0^\infty \Psi(\alpha, t)\sin xt\,dt - 2\int_0^\infty X(\alpha, t)\cos xt\,dt.$$

En remplaçant dans cette égalité α et x respectivement par x et z, et en développant ensuite le second membre suivant les puissances ascendantes de z, on en déduit, par comparaison avec l'égalité (9), page 31, pour les polynomes $\varphi_\nu(x)$ les expressions [1]

$$\tag{6} \left\{\begin{aligned} \varphi_{2k}(x) &= (-1)^{k+1}4k\int_0^\infty t^{2k-1}\,\Psi(x, t)\,dt \qquad (k = 1, 2, \ldots), \\ \varphi_{2k+1}(x) &= (-1)^{k+1}(4k+2)\int_0^\infty t^{2k}\,X(x, t)\,dt \qquad (k = 0, 1, 2, \ldots). \end{aligned}\right.$$

Il est facile de voir que ces expressions représentent des fonctions analytiques holomorphes de x dans la bande comprise entre l'axe imaginaire et la parallèle à

1. Lorsqu'on substitue, dans les formules (6), aux expressions $\Psi(x, t)$ et $X(x, t)$ leurs développements

$$\Psi(x, t) = \sum_1^\infty e^{-2\nu\pi t}\cos 2\nu\pi x, \qquad X(x, t) = \sum_1^\infty e^{-2\nu\pi t}\sin 2\nu\pi x,$$

qui se déduisent immédiatement de l'égalité (10), page 55, on retrouve les formules (11) et (13) du n° 18.

cet axe passant par le point $x = 1$. Comme nous avons démontré les égalités (6) pour $0 < x < 1$, il en résulte, d'après le principe fondamental du prolongement analytique, qu'elles sont vérifiées pour tout point de cette bande.

Comme les seconds membres des égalités (6) sont des fonctions périodiques de x de période 1, nous pouvons affirmer d'autre part qu'ils se confondent, pour les valeurs réelles de x, avec les fonctions désignées plus haut par $\overline{\varphi}_{2k}(x)$, $\overline{\varphi}_{2k+1}(x)$ (*voir* p. 32).

Passons aux formules du n° 34. En faisant dans la formule (X) $m = 1$, $\alpha = \frac{1}{2}$, multipliant les deux membres par $e^{\frac{x}{2}}$, et remplaçant x par $2iz$, on en déduit

$$\text{séc}\, z = 2\int_0^\infty \frac{e^{2zt} + e^{-2zt}}{e^{\pi t} + e^{-\pi t}}\, dt.$$

Développons le second membre suivant les puissances de z et comparons le résultat à l'égalité (7), page 31 ; il viendra [1]

$$E_k = 4^{k+1}\int_0^\infty \frac{t^{2k}\, dt}{e^{\pi t} + e^{-\pi t}}. \tag{7}$$

Pour une valeur quelconque de α comprise entre 0 et 1, la même formule (X) nous donne, en multipliant par $e^{\alpha x}$,

$$\frac{e^{\alpha x}}{e^x + 1} = 2\int_0^\infty \mathrm{X}_1(\alpha, t)\, \cos xt\, dt - 2\int_0^\infty \Psi_1(\alpha, t)\, \sin xt\, dt,$$

et la comparaison de cette égalité avec l'égalité (19), page 34, conduit aux expressions suivantes des polynomes $\chi_\nu(x)$:

$$\left\{\begin{aligned} \chi_{2k}(x) &= (-1)^k 2\int_0^\infty t^{2k}\, \mathrm{X}_1(x, t)\, dt \\ \chi_{2k+1}(x) &= (-1)^{k+1} 2\int_0^\infty t^{2k+1}\, \Psi_1(x, t)\, dt \end{aligned}\right. \qquad (k = 0, 1, 2, \ldots). \tag{8}$$

Les égalités (8) sont valables dans la même bande que les égalités (6) et, pour les valeurs réelles de x, leurs seconds membres se confondent avec les fonctions périodiques $\overline{\chi}_{2k}(x)$, $\overline{\chi}_{2k+1}(x)$, définies page 34. Elles mettent d'ailleurs en évidence

1. Cette expression est due à CATALAN (*Mémoires de la Société des Sciences de Liége*, série II, t. XII, p. 110).

que, dans l'intervalle $0 < x < 1$, le polynome $\chi_{2k}(x)$ garde un signe invariable, à savoir celui de $(-1)^k$, et que $\chi_{2k+1}(x)$ n'y admet pas d'autre zéro que $x = \frac{1}{2}$ (1).

38. En terminant ces applications, qu'il serait d'ailleurs facile de multiplier, nous ferons voir comment se déduisent de nos formules générales les propriétés des sommes

$$\sum_{\nu=0}^{n-1} e^{\frac{p\pi i}{n}\nu^2} \tag{9}$$

que Gauss a le premier introduites dans l'Analyse. Les nombres n et p sont des entiers positifs sans diviseur commun dont l'un est pair et l'autre impair (2).

A cet effet, reportons-nous aux résultats établis au nº 31 ; en faisant $f(z) = e^{\frac{p\pi i}{n}z^2}$, on aura les deux égalités :

$$q(\tau, t) = \frac{i}{2} e^{\frac{p\pi i}{n}(\tau^2 - t^2)} \left(e^{\frac{2p\pi}{n}\tau t} - e^{-\frac{2p\pi}{n}\tau t} \right),$$

$$\left| f(\tau + it) \right| = e^{-\frac{2p\pi}{n}\tau t}.$$

Cette dernière égalité montre que l'expression

$$e^{-2p\pi|t|} f(\tau + it)$$

tend uniformément vers zéro pour $0 \leqq \tau \leqq n - \varepsilon$, quelque petit que soit ε, lorsque t tend vers $\pm\infty$, et que, d'autre part, le module de cette expression reste inférieur ou égal à l'unité pour $0 \leqq \tau \leqq n$, quel que soit t. Il en résulte que, si l'on fait dans l'égalité (16), page 59, $\mu = p - 1$, $\alpha = 0$, $\beta = n$, les intégrales prises le long des côtés horizontaux du contour C s'annuleront lorsque δ croît indéfiniment, de sorte qu'on pourra appliquer la formule (VII) en posant $\mu = p - 1$. Comme on a d'ailleurs $q(0, t) = 0$ et $f(0) - f(n) = 0$, on trouve ainsi pour la somme (9) l'expression

$$\int_0^n F_0(\tau)\,d\tau + 2\sum_1^{p-1} \int_0^n F_\nu(\tau)\,d\tau + i\int_0^\infty e^{-\frac{p\pi i}{n}t^2} \left(\frac{e^{2\pi t} - e^{-(4p-2)\pi t}}{e^{2\pi t} - 1} \right) dt, \tag{10}$$

1. On attribue généralement les formules (6) à Raabe et les formules (8) à Hermite. Mais en fait ces formules se trouvent dans le Mémoire de Cauchy de l'année 1814 (*Œuvres*, série I, t. I, p. 458–460) et, au dire de Cauchy, elles se déduisent de divers résultats trouvés par Euler.

2. Si n et p sont tous deux impairs, la somme (9) est évidemment égale à 1.

où $F_\nu(z) = e^{\frac{p\pi i}{n}z^2} \cos 2\nu\pi z$. Écrivons

$$\int_0^n F_\nu(\tau)\,d\tau = \int_0^\infty F_\nu(\tau)\,d\tau - \int_n^\infty F_\nu(\tau)\,d\tau.$$

D'après l'égalité (3), page 41, on aura, pour $\nu = 0, 1, \ldots, p-1$,

$$\int_0^\infty F_\nu(\tau)\,d\tau = \frac{1}{2}\sqrt{\frac{n}{p}}\, e^{\frac{\pi i}{4} - \frac{n\pi i}{p}\nu^2},$$

et, d'autre part, on conclut facilement de l'inégalité

(11) $$|F_\nu(\tau + it)| < e^{-\frac{2\pi t}{n}(p\tau - \nu n)} \qquad (t > 0),$$

qui se vérifie immédiatement, qu'on pourra écrire

$$\int_n^\infty F_\nu(\tau)\,d\tau = i\int_0^\infty F_\nu(n+it)\,dt \equiv \frac{i}{2}\int_0^\infty e^{-\frac{p\pi i}{n}t^2 - 2p\pi t}(e^{2\nu\pi t} + e^{-2\nu\pi t})\,dt.$$

En effet, le théorème fondamental de Cauchy nous donne, en désignant par n' et δ des nombres positifs dont $n' > n$,

$$\int_n^{n'} F_\nu(\tau)\,d\tau = i\int_0^\delta F_\nu(n+it)\,dt + \int_n^{n'} F_\nu(\tau + i\delta)\,d\tau - i\int_0^\delta F_\nu(n'+it)\,dt,$$

et comme l'on a $p\tau - \nu n > 0$ pour $\tau \geqq n$, ν ayant l'une quelconque des valeurs $0, 1, \ldots, p-1$, il résulte de l'inégalité (11) que, lorsqu'on fait tendre d'abord δ et ensuite n' vers l'infini, les deux derniers termes du second membre s'évanouiront successivement, de sorte qu'on obtiendra bien l'égalité voulue.

Par conséquent la somme des deux premiers termes de l'expression (10) peut se mettre sous la forme

$$e^{\frac{\pi i}{4}}\sqrt{\frac{n}{p}}\left(\frac{1}{2} + \sum_{\nu=1}^{p-1} e^{-\frac{n\pi i}{p}\nu^2}\right) + i\int_0^\infty e^{-\frac{p\pi i}{n}t^2}\left(\frac{e^{-(4p-2)\pi t} - 1}{e^{2\pi t} - 1}\right)dt,$$

de sorte que l'expression elle-même devient

$$e^{\frac{\pi i}{4}}\sqrt{\frac{n}{p}}\left(\frac{1}{2} + \sum_{\nu=1}^{p-1} e^{-\frac{n\pi i}{p}\nu^2}\right) + i\int_0^\infty e^{-\frac{p\pi i}{n}t^2}\,dt.$$

Or on a, d'après l'égalité (2), page 41,

$$i\int_0^\infty e^{-\frac{p\pi i}{n}t^2}\,dt = \frac{i}{2}e^{-\frac{\pi i}{4}}\sqrt{\frac{n}{p}} = \frac{1}{2}e^{\frac{\pi i}{4}}\sqrt{\frac{n}{p}},$$

et nous arrivons donc finalement à cette relation remarquable

$$\sum_{\nu=0}^{n-1} e^{\frac{p\pi i}{n}\nu^2} = e^{\frac{\pi i}{4}}\sqrt{\frac{n}{p}}\sum_{\nu=0}^{p-1} e^{-\frac{n\pi i}{p}\nu^2},$$

qui est due à Schaar [1], et d'où l'on déduit immédiatement, pour $p = 2$, le résultat de Gauss :

$$\sum_{\nu=0}^{n-1} e^{\frac{2\pi i}{n}\nu^2} = \frac{1-i^n}{1-i}\sqrt{n},$$

n étant un entier positif impair [2].

III. — *La formule sommatoire d'Euler et autres formules analogues.*

39. Les applications qui précèdent ont déjà montré l'utilité des formules sommatoires établies plus haut, et les Chapitres suivants en feront encore ressortir l'importance pour le prolongement et pour l'étude asymptotique des fonctions. S'il s'agit de calculs numériques, il est cependant préférable de transformer ces formules, en développant en séries les intégrales définies qu'elles renferment. Il est vrai que les séries que l'on obtient ainsi sont pour la plupart divergentes, de sorte qu'elles ne sauraient fournir une approximation indéfinie. Mais, en revanche, elles jouissent souvent de cette propriété intéressante, et qui pour le calcul est précisément la plus importante, à savoir que leurs termes successifs, ainsi que leur reste, commencent par décroître rapidement, d'où il résulte qu'on pourra souvent atteindre une grande précision en ne calculant qu'un petit nombre de termes.

Les séries en question s'obtiennent en développant dans les formules générales les expressions $p(\tau, t)$ et $q(\tau, t)$ suivant les puissances ascendantes de t. On a

1. *Mém. cour. et autres Mém. publiés par l'Académie de Belgique*, t. XXIV et XXV. Dans le premier des Mémoires cités page 69, Genocchi avait déduit des formules sommatoires la relation de Schaar et d'autres relations plus générales du même genre, mais son raisonnement n'est pas rigoureux. *Voir* aussi un Mémoire de M. Landsberg : *Zur Theorie der Gauss'schen Summen und der linearen Transformationen der Thetafunctionen* (*Journal de Crelle*, t. 111, 1893).

2. C'est Kronecker qui le premier a établi rigoureusement cette formule à l'aide du calcul des résidus (*Journal de Crelle*, t. 105, p. 267). *Voir* aussi un Mémoire de M. H. Weber : *Ueber Abel's Summation endlicher Differenzenreihen* (*Acta Mathematica*, t. XXVII).

généralement par le théorème de Taylor, en supposant la fonction $F(t)$ (réelle ou imaginaire) continue ainsi que ses μ premières dérivées,

$$F(t) = F(0) + F'(0)\frac{t}{1!} + \cdots + F^{\mu-1}(0)\frac{t^{\mu-1}}{(\mu-1)!} + R_\mu,$$

avec

$$R_\mu = \frac{t^\mu}{(\mu-1)!}\int_0^1 (1-u)^{\mu-1} F^{(\mu)}(ut)\,du.$$

Or on conclut des égalités (12), page 55, lorsque ν est *pair*,

$$D_t^{(\nu)} p(\tau, 0) = (-1)^{\frac{\nu}{2}} f^{(\nu)}(\tau), \qquad D_t^{(\nu)} q(\tau, 0) = 0,$$

et, pour ν *impair*,

$$D_t^{(\nu)} p(\tau, 0) = 0, \qquad D_t^{(\nu)} q(\tau, 0) = (-1)^{\frac{\nu-1}{2}} f^{(\nu)}(\tau),$$

et, par suite, en appliquant aux expressions $p(\tau, t)$, $q(\tau, t)$ l'égalité ci-dessus, avec $\mu = 2k$ ou $\mu = 2k + 1$, on trouve :

$$p(\tau, t) = f(\tau) - f'(\tau)\frac{t^2}{2!} + \cdots + (-1)^{k-1} f^{(2k-2)}(\tau)\frac{t^{2k-2}}{(2k-2)!} + p_{2k}(\tau, t),$$

$$q(\tau, t) = f'(\tau)t - f''(\tau)\frac{t^2}{3!} + \cdots + (-1)^{k-1} f^{(2k-1)}(\tau)\frac{t^{2k-1}}{(2k-1)!} + q_{2k+1}(\tau, t),$$

$p_{2k}(\tau, t)$ et $q_{2k+1}(\tau, t)$ désignant respectivement les expressions

$$\frac{(-1)^k}{2}\frac{t^{2k}}{(2k-1)!}\int_0^1 (1-u)^{2k-1}\left[f^{(2k)}(\tau + iut) + f^{(2k)}(\tau - iut)\right] du,$$

et

$$\frac{(-1)^k}{2}\frac{t^{2k+1}}{(2k)!}\int_0^1 (1-u)^{2k}\left[f^{(2k+1)}(\tau + iut) + f^{(2k+1)}(\tau - iut)\right] du.$$

En substituant maintenant à $p(\tau, t)$ et $q(\tau, t)$ les développements qu'on vient d'écrire, on trouve successivement, d'après l'égalité (5), page 67,

$$2\int_0^\infty \frac{q(\tau, t)\,dt}{e^{2\pi t} - 1} = \frac{B_1}{2} f'(\tau) - \frac{B_2}{4}\frac{f'''(\tau)}{3!} + \cdots$$
$$+ (-1)^{k-1}\frac{B_k}{2k}\frac{f^{(2k-1)}(\tau)}{(2k-1)!} + 2\int_0^\infty \frac{q_{2k+1}(\tau, t)}{e^{2\pi t} - 1}\,dt;$$

d'après l'égalité (13), page 55, et les égalités (6), page 67,

$$2\int_0^\infty Q(\tau,t)\,dt = -\overline{\varphi}_1(\tau)\,f(\tau) + \frac{\overline{\varphi}_2(\tau)}{2}\,\frac{f'(\tau)}{1!} - \cdots + \frac{\overline{\varphi}_{2k}(\tau)}{2k}\,\frac{f^{(2k-1)}(\tau)}{(2k-1)!}$$
$$+\,2\int_0^\infty \Big[p_{2k}(\tau,t)\,X(\tau,t) + q_{2k+1}(\tau,t)\,\Psi(\tau,t)\Big]\,dt,$$

formule qui, pour $\tau = \nu + \frac{1}{2}$, en vertu des égalités (14), page 56, et (17), page 33, se réduit à la suivante :

$$\int_0^\infty \frac{q(\tau,t)\,dt}{e^{2\pi t}+1} = \frac{B_1'}{2}\,f'(\tau) - \frac{B_2'}{4}\,\frac{f'''(\tau)}{3!} + \cdots$$
$$+\,(-1)^{k-1}\frac{B_k'}{2k}\,\frac{f^{(2k-1)}(\tau)}{(2k-1)!} + 2\int_0^\infty \frac{q_{2k+1}(\tau,t)}{e^{2\pi t}+1}\,dt;$$

d'après les égalités (18), page 62, et (8), page 68,

$$2\int_0^\infty Q_1(\tau,t)\,dt = \overline{\chi}_0(\tau)\,f(\tau) - \overline{\chi}_1(\tau)\,\frac{f'(\tau)}{1!} + \cdots - \overline{\chi}_{2k-1}(\tau)\,\frac{f^{(2k-1)}(\tau)}{(2k-1)!}$$
$$+\,2\int_0^\infty \Big[p_{2k}(\tau,t)\,X_1(\tau,t) + q_{2k+1}(\tau,t)\,\Psi_1(\tau,t)\Big]\,dt,$$

et enfin, d'après l'égalité (7), page 68,

$$2\int_0^\infty \frac{p(\tau,t)\,dt}{e^{\pi t}+e^{-\pi t}} = \frac{1}{2}\Bigg[E_0\,f(\tau) - \frac{E_1}{4}\,\frac{f''(\tau)}{2!} + \cdots$$
$$+(-1)^{k-1}\,\frac{E_{k-1}}{4^{k-1}}\,\frac{f^{(2k-2)}(\tau)}{(2k-2)!}\Bigg] + 2\int_0^\infty \frac{p_{2k}(\tau,t)}{e^{\pi t}+e^{-\pi t}}\,dt.$$

40. En substituant les développements ci-dessus dans les formules établies dans la première section de ce Chapitre, on en déduit diverses formules sommatoires connues. Ainsi les formules (III), page 58, et (I'), page 55, donnent respectivement :

$$(1)\qquad \begin{cases} \displaystyle\sum_m^n f(\nu) = \frac{1}{2}\big[f(m)+f(n)\big] + \int_m^n f(\tau)\,d\tau \\ \displaystyle\qquad + \sum_{\nu=1}^k (-1)^{\nu-1}\frac{B_\nu}{2\nu}\,\frac{f^{(2\nu-1)}(n) - f^{(2\nu-1)}(m)}{(2\nu-1)!} + R; \end{cases}$$

$$(2)\qquad \begin{cases} \displaystyle\sum_m^n f(\nu) = \int_\alpha^\beta f(\tau)\,d\tau \\ \displaystyle\qquad + \sum_1^{2k} \frac{(-1)^\nu}{\nu} \frac{\overline{\varphi}_\nu(\beta)\, f^{(\nu-1)}(\beta) - \overline{\varphi}_\nu(\alpha)\, f^{(\nu-1)}(\alpha)}{(\nu-1)!} + R, \end{cases}$$

et, en faisant $\alpha = m - \frac{1}{2}$, $\beta = n + \frac{1}{2}$ (*voir* p. 33),

$$(3)\qquad \begin{cases} \displaystyle\sum_m^n f(\nu) = \int_{m-\frac{1}{2}}^{n+\frac{1}{2}} f(\tau)\,d\tau \\ \displaystyle\qquad + \sum_1^{k} (-1)^\nu \frac{B'_\nu}{2\nu} \frac{f^{(2\nu-1)}(n+\frac{1}{2}) - f^{(2\nu-1)}(m-\frac{1}{2})}{(2\nu-1)!} + R. \end{cases}$$

La formule (IX′), page 62, nous donne :

$$(4)\qquad \sum_m^n (-1)^\nu f(\nu) = \sum_0^{2k-1} (-1)^\nu \frac{\overline{\chi}_\nu(\beta)\, f^{(\nu)}(\beta) - \overline{\chi}_\nu(\alpha)\, f^{(\nu)}(\alpha)}{\nu!} + R,$$

et en particulier, pour $\alpha = m - \frac{1}{2}$, $\beta = n + \frac{1}{2}$,

$$(5)\qquad \begin{cases} \displaystyle\sum_m^n (-1)^\nu f(\nu) \\ \displaystyle\qquad = \frac{1}{2}\sum_0^{k-1} (-1)^\nu \frac{E_\nu}{4^\nu} \frac{(-1)^n f^{(2\nu)}(n+\frac{1}{2}) + (-1)^m f^{(2\nu)}(m-\frac{1}{2})}{(2\nu)!} + R. \end{cases}$$

Enfin, en faisant tendre α vers m et β vers n dans (4), ou bien en utilisant la formule (XI), page 63, on trouve

$$(6)\qquad \begin{cases} \displaystyle\sum_m^n (-1)^\nu f(\nu) = \frac{1}{2}\Big[(-1)^m f(m) + (-1)^n f(n)\Big] \\ \displaystyle\qquad + \sum_1^{k} (-1)^{\nu-1} \frac{(2^{2\nu}-1)\,B_\nu}{2\nu} \frac{(-1)^n f^{(2\nu-1)}(n) - (-1)^m f^{(2\nu-1)}(m)}{(2\nu-1)!} + R. \end{cases}$$

D'autres formules encore pourraient se déduire de l'égalité (20), page 63, et des égalités (16) et (VII), page 60 ([1]).

1. La formule qui se déduit de (VII) en y développant le dernier terme en série, a été remarquée par Kronecker (*Sitzungsberichte der Akademie zu Berlin*, 1885, p. 862).

L'égalité (1) constitue la célèbre formule sommatoire découverte par Euler et Mac-Laurin (1); la formule (6) a été donnée par Boole, la formule (2) par Sonin et Hermite (2), la formule (4) par Hermite (3).

Les résultats du n° 39 fournissent immédiatement l'expression exacte du reste R dans les formules précédentes, et permettent facilement d'en calculer une limite supérieure.

Supposons, par exemple, qu'on ait, pour toute valeur réelle de t,

$$\left|f^{(\mu)}(\tau+it)\right| < M_\mu(\tau),$$

$M_\mu(\tau)$ étant une quantité positive qui dépendra, en général, de τ et de μ ; il en résulte

$$\left|p_{2k}(\tau,t)\right| < M_{2k}(\tau)\,\frac{\tau^{2k}}{(2k)!},$$
$$\left|q_{2k+1}(\tau,t)\right| < M_{2k+1}(\tau)\,\frac{\tau^{2k+1}}{(2k+1)!}.$$

En se servant des égalités (5), page 67, et (7), page 68, on en déduit pour le reste de la formule d'Euler (1) l'inégalité

$$|R| < \frac{B_{k+1}}{(2k+2)!}\left[M_{2k+1}(m)+M_{2k+1}(n)\right],$$

et, pour le reste de la formule (5),

$$|R| < \frac{1}{2(2k)!}\,\frac{E_k}{4^k}\left[M_{2k}\!\left(m-\tfrac{1}{2}\right)+M_{2k}\!\left(n+\tfrac{1}{2}\right)\right].$$

Dans le cas où la fonction $f(z)$ admet des points singuliers à l'intérieur de la bande $\alpha < \tau < \beta$, les formules ci-dessus doivent être modifiées comme il a été dit aux nos 32 et 34.

41. Les expressions trouvées ci-dessus pour le reste de la formule d'Euler et des formules analogues sont différentes de celles qu'on rencontre dans les théories élémentaires de ces formules. Mais nous allons voir que ces dernières expressions se rattachent encore tout naturellement à nos résultats généraux.

---

1. Des applications de la formule (III) à la formule d'Euler ont été indiquées successivement par Schaar, Genocchi et Petersen dans leurs travaux cités au n° 35. Voir aussi p. 17–23 de notre Mémoire.

2. *Journal de Crelle*, t. 116, p. 133–136.

3. *Ibid.*, p. 145.

Reprenons, à cet effet, la formule (16), page 59, en y faisant croître indéfiniment le nombre μ. Les deux derniers termes tendront évidemment vers *zéro*, de sorte qu'on obtient

$$\sum_m^n f(\nu) = \int_\alpha^\beta f(\tau)\,d\tau + 2\sum_1^\infty \int_\alpha^\beta f(\tau)\cos 2\nu\pi\tau\,d\tau. \tag{7}$$

On a, d'ailleurs, en intégrant par parties,

$$\begin{aligned} 2&\int_\alpha^\beta f(\tau)\cos 2\nu\pi\tau\,d\tau \\ &= f(\beta)\frac{\sin 2\nu\pi\beta}{\nu\pi} - f(\alpha)\frac{\sin 2\nu\pi\alpha}{\nu\pi} - \int_\alpha^\beta f'(\tau)\frac{\sin 2\nu\pi\tau}{\nu\pi}\,d\tau, \end{aligned}$$

et, en se servant de l'égalité (14), page 32, on pourra donc écrire l'équation (7) sous la forme

$$\sum_m^n f(\nu) = \int_\alpha^\beta f(\tau)\,d\tau + \overline{\varphi}_1(\alpha)f(\alpha) - \overline{\varphi}_1(\beta)f(\beta) - \int_\alpha^\beta \overline{\varphi}_1(\tau)f'(\tau)\,d\tau \tag{8}$$

Cependant cette dernière conclusion demande quelque précaution, car nous y avons supposé tacitement que l'expression

$$\int_\alpha^\beta f'(\tau)\overline{\varphi}_1(\tau)\,d\tau + \int_\alpha^\beta f'(\tau)\sum_1^k \frac{\sin 2\nu\pi\tau}{\nu\pi}\,d\tau \tag{9}$$

s'annule pour $k = \infty$, ce qui n'est nullement évident, puisque la série qui définit $\overline{\varphi}_1(\tau)$ ne converge pas uniformément entre les limites d'intégration. Notre conclusion n'en est pas moins exacte, car il résulte des remarques faites page 33 que le module de la somme

$$\overline{\varphi}_1(\tau) + \sum_1^k \frac{\sin 2\nu\pi\tau}{\nu\pi}$$

reste inférieur à une quantité finie M pour toute valeur de k et pour tout point τ de l'intervalle $\alpha \leqq \tau \leqq \beta$, et d'autre part que, ayant exclu de cet intervalle, de part et d'autre de chacun des points $m, m+1, \dots, n$, un segment de longueur ε aussi petite qu'on voudra, on pourra choisir l'entier k assez grand pour que, dans le reste de l'intervalle, la somme en question soit numériquement inférieure à tout nombre η fixé d'avance. Dans ces conditions, la valeur absolue de l'expression (9) sera donc inférieure au produit de $\eta(\beta-\alpha)+2\varepsilon M(n-m+1)$ par le maximum de $|f'(\tau)|$ dans l'intervalle $\alpha \leqq \tau \leqq \beta$, d'où l'on conclut que cette expression s'annule effectivement pour $k=\infty$.

À l'aide des relations [voir l'égalité (16) page 33]

$$\overline{\varphi}'_{\nu+1}(\tau) = (\nu+1)\overline{\varphi}_\nu(\tau) \qquad (\nu = 1, 2, \dots),$$

on trouve successivement, en intégrant par parties,

$$\int_\alpha^\beta \overline{\varphi}_1(\tau) f'(\tau)\, d\tau = \frac{1}{2!}\left[\overline{\varphi}_2(\beta) f'(\beta) - \overline{\varphi}_2(\alpha) f'(\alpha)\right] - \int_\alpha^\beta \overline{\varphi}_2(\tau) \frac{f''(\tau)}{2!}\, d\tau,$$

$$\int_\alpha^\beta \overline{\varphi}_2(\tau) \frac{f''(\tau)}{2!}\, d\tau = \frac{1}{3!}\left[\overline{\varphi}_3(\beta) f''(\beta) - \overline{\varphi}_3(\alpha) f''(\alpha)\right] - \int_\alpha^\beta \overline{\varphi}_3(\tau) \frac{f'''(\tau)}{3!}\, d\tau,$$

et ainsi de suite ; de l'égalité (8) on peut donc tirer la suivante :

$$(10) \qquad \sum_m^n f(\nu) = \int_\alpha^\beta f(\tau)\, d\tau + \sum_1^{2k} \frac{(-1)^\nu}{\nu} \frac{\overline{\varphi}_\nu(\beta) f^{(\nu-1)}(\beta) - \overline{\varphi}_\nu(\alpha) f^{(\nu-1)}(\alpha)}{(\nu-1)!} + R,$$

où

$$R = -\frac{1}{(2k)!}\int_\alpha^\beta \overline{\varphi}_{2k}(\tau) f^{(2k)}(\tau)\, d\tau.$$

C'est la formule (2), avec une nouvelle expression du reste.

Faisons maintenant tendre α vers m et β vers n. Les expressions $\overline{\varphi}_1(\alpha)$ et $\overline{\varphi}_1(\beta)$ tendront respectivement vers $\frac{1}{2}$ et vers $-\frac{1}{2}$, de sorte que l'égalité (8) devient

$$(11) \qquad \sum_m^n f(\nu) = \int_m^n f(\tau)\, d\tau + \frac{1}{2}\left[f(m) + f(n)\right] + \int_m^n \overline{\varphi}_1(\tau) f'(\tau)\, d\tau,$$

et d'autre part, en vertu des propriétés des fonctions $\overline{\varphi}_\nu(\tau)$ démontrées page 33, l'égalité (10) se réduira à la formule d'Euler avec cette nouvelle expression du reste, due à Poisson :

$$R = -\frac{1}{(2k)!}\int_m^n \overline{\varphi}_{2k}(\tau) f^{(2k)}(\tau)\, d\tau,$$

En intégrant par parties, on obtient d'abord

$$R = \frac{1}{(2k+1)!} \int_m^n \overline{\varphi}_{2k+1}(\tau)\, f^{(2k+1)}(\tau)\, d\tau,$$

puis, en observant que $\overline{\varphi}_{2k+1}(\tau) = \frac{\overline{P}'_{2k+2}(\tau)}{2k+2}$

(12) $$R = -\frac{1}{(2k+2)!} \int_m^n \overline{P}_{2k+2}(\tau)\, f^{(2k+2)}(\tau)\, d\tau,$$

expression due à Jacobi.

Pour $\alpha = m - \frac{1}{2}, \beta = n + \frac{1}{2}$, l'égalité (10) nous donne la formule (3) avec le reste

$$R = \frac{1}{(2k+1)!} \int_{m-\frac{1}{2}}^{n+\frac{1}{2}} \overline{\varphi}_{2k+1}(\tau)\, f^{(2k+1)}(\tau)\, d\tau,$$

Ces transformations s'appliquent également à la formule (20), page 63. Ainsi l'on en déduit, en faisant croître μ vers l'infini,

(13) $$\sum_m^n (-1)^\nu f(\nu) = 2\sum_0^n \int_\alpha^\beta f(\tau)\, \cos(2\nu+1)\pi\tau\, d\tau,$$

puis, en intégrant par parties et utilisant l'égalité (21), page 34,

(14) $$\sum_m^n (-1)^\nu f(\nu) = \overline{\chi}_0(\beta) f(\beta) - \overline{\chi}_0(\alpha) f(\alpha) - \int_\alpha^\beta \overline{\chi}_0(\tau)\, f'(\tau)\, d\tau.$$

En transformant le dernier terme de cette égalité à l'aide des relations (22), page 34, on retrouve la formule (4) avec

$$R = \frac{1}{(2k-1)!} \int_\alpha^\beta \overline{\chi}_{2k-1}(\tau)\, f^{(2k)}(\tau)\, d\tau,$$

expression due à Hermite. En faisant tendre α vers m, β vers n (*voir* p. 34), on en déduit la formule (6) de Boole avec le reste

$$R = -\frac{1}{(2k)!} \int_m^n \overline{\chi}_{2k}(\tau)\, f^{(2k+1)}(\tau)\, d\tau,$$

donné par M. Darboux (1). D'autre part, en faisant $\alpha = m - \frac{1}{2}$, $\beta = n + \frac{1}{2}$ on retrouve la formule (5) avec une nouvelle expression du reste.

Le raisonnement qui nous a fourni les égalités (8) et (14) suppose essentiellement que la fonction $f(z)$ est holomorphe sur le segment $\alpha \leqq \tau \leqq \beta$ de l'axe réel. Cette condition est d'ailleurs suffisante, car, en la supposant vérifiée, on pourra prendre la hauteur du rectangle C, qui nous a servi de contour d'intégration, assez petite pour que $f(z)$ soit holomorphe à l'intérieur et sur le contour de ce rectangle, d'où il résulte que les égalités (16), page 59, et (20), page 63, et par conséquent aussi les égalités (8) et (14), seront valables.

Mais, une fois établies les égalités (8) et (14), on constate immédiatement qu'elles subsistent dès que $f(\tau)$ et $f'(\tau)$ sont finis et continus pour $\alpha \leqq \tau \leqq \beta$ (2). En effet, on trouve en intégrant (*voir* page 33) :

$$\int_{\nu}^{\nu+1} \overline{\varphi}_1(\tau) f'(\tau)\, d\tau = \frac{1}{2}\big[f(\nu) + f(\nu+1)\big] - \int_{\nu}^{\nu+1} f(\tau)\, d\tau.$$

Faisons ici successivement $\nu = m, m+1, \ldots, n-1$ et ajoutons les résultats : nous aurons l'égalité (11), et les égalités (8) et (14) se vérifient de la même manière.

Or nous venons de voir que les formules sommatoires (1) à (6), avec les expressions du reste R données ci-dessus, se déduisent des égalités (8) et (14) par de simples intégrations. Nous pouvons donc affirmer que chacune des formules en question est valable dès que la fonction $f(\tau)$ et ses dérivées, jusqu'à l'ordre le plus élevé qui y figure, sont finies et continues pour $\alpha \leqq \tau \leqq \beta$.

42. En faisant dans la formule (7) $m = n = 0$, $\alpha = -x$, $\beta = 1 - x$, $f(z) = F(z + x)$, et en supposant d'ailleurs $0 < x < 1$, on en déduit

$$F(x) = \int_0^1 F(\tau)\, d\tau + 2\sum_1^{\infty} \int_0^1 F(\tau) \cos 2\nu\pi(\tau - x)\, d\tau. \tag{15}$$

C'est *le développement de Fourier* qui, d'après la remarque ci-dessus, se trouve ainsi établi en supposant $F(x)$ et $F'(x)$ finis et continus pour $0 \leqq x \leqq 1$ (3).

1. *Sur les développements en série des fonctions d'une seule variable* (*Journal de Mathématiques*, 3e série, t. II, 1876).

2. Il en résulte, d'après le raisonnement de la page 76, que les formules (7) et (13) subsistent également sous la condition indiquée.

3. Lorsque $F(x)$ présente une discontinuité au point x, le premier membre de l'égalité (15) sera remplacé par $\lim_{\varepsilon=0} \frac{1}{2}\big[F(x-\varepsilon) + F(x+\varepsilon)\big]$, ce qu'on conclut encore facilement du calcul indiqué à la fin du n° 41.

L'égalité (13) conduit à une autre forme du développement de Fourier.

Indiquons encore la méthode par laquelle Cauchy a établi ce développement dans son Mémoire de 1826 ([1]), cité page 69, et qui, dans bien des cas, permet d'en calculer les coefficients avec une grande facilité. Nous admettrons les hypothèses suivantes :

1° *$F(z)$ est une fonction analytique de la variable $z \equiv \tau + it$ qui est holomorphe dans la bande $0 \leqq \tau \leqq 1$;*

2° *L'égalité $\lim\limits_{t=\pm\infty} e^{-2\pi|t|} F(\tau + it) = 0$ a lieu uniformément pour $0 \leqq \tau \leqq 1$.*

Ceci posé, reprenons la formule (8), page 53, en choisissant le contour C comme il a été dit, et en faisant les mêmes substitutions que ci-dessus dans la formule (7), et, en outre, les substitutions (10) de la page 55. Lorsqu'on fait tendre δ vers l'infini, les intégrales prises suivant les côtés horizontaux du contour C s'évanouiront, en vertu de la condition 2° . D'autre part, les termes $e^{2\nu\pi iz}$ et $e^{-2\nu\pi iz}$ qui figurent dans les expressions (15) donneront naissance à quatre intégrales, dont la somme se réduit à la partie réelle de l'expression

$$2i \int_0^\infty e^{-2\nu\pi i(x-it)} \left[F(it) - F(1+it)\right] dt,$$

ou bien, en posant $F(\tau \pm it) = p(\tau, t) \pm iq(\tau, t)$, et

$$(16) \qquad \begin{cases} A_\nu = 2 \displaystyle\int_0^\infty e^{-2\nu\pi t}\left[q(1,t) - q(0,t)\right] dt, \\ B_\nu = -2 \displaystyle\int_0^\infty e^{-2\nu\pi t}\left[p(1,t) - p(0,t)\right] dt, \end{cases}$$

à

$$A_\nu \cos 2\nu\pi x + B_\nu \sin 2\nu\pi x.$$

En somme, on trouvera donc

$$F(x) = A_0 + \sum_1^\mu (A_\nu \cos 2\nu\pi x + B_\nu \sin 2\nu\pi x) + R_\mu,$$

1. Le raisonnement de Cauchy dans ce Mémoire très condensé est assez embrouillé en ce qui concerne la convergence du développement de Fourier, et les critiques que lui a adressées Dirichlet dans son célèbre Mémoire : *Sur la convergence des séries trigonométriques qui servent à représenter une fonction arbitraire entre des limites données* (*Journal de Crelle*, t. 4, 1829) sont, sans contredit, parfaitement justes. Cependant le Mémoire de Cauchy renferme tous les éléments d'une démonstration exacte, telle que nous la présentons ici, et il est curieux que Dirichlet ne s'en soit pas aperçu.

où $A_0 = \int_0^1 F(\tau)\,d\tau$, et où le terme-reste R_μ est égal à la partie réelle de l'expression

$$2i \int_0^\infty \frac{e^{-2\mu\pi t - 2\mu\pi i x}}{e^{2\pi t + 2\pi i x} - 1} \left[F(it) - F(1+it)\right] dt.$$

Or R_μ s'annule évidemment pour $\mu = \infty$, de sorte qu'on obtient [1]

$$(17) \qquad F(x) = A_0 + \sum_1^\infty (A_\nu \cos 2\nu\pi x + B_\nu \sin 2\nu\pi x) \qquad (0 < x < 1).$$

Soit comme premier exemple $F(z) = \log(\sin \pi z)$. En tenant compte de la note ci-dessous, on s'assure immédiatement que les résultats précédents sont applicables. Or on a dans l'hypothèse actuelle $F(1 + it) - F(it) = -\pi i$ (*voir* p. 46), et par suite

$$p(1,t) - p(0,t) = 0, \qquad q(1,t) - q(0,t) = -\pi.$$

Il en résulte, d'après (16), $A_\nu = -\frac{1}{\nu}$, $B_\nu = 0$, et comme l'on a d'ailleurs, d'après la page 46, $A_0 = -\log 2$, l'égalité (17) devient

$$(18) \qquad \log(\sin \pi x) = -\log 2 - \sum_1^\infty \frac{\cos 2\nu\pi x}{\nu}.$$

Faisons en second lieu $F(z) = \log \Gamma(z)$, hypothèse dans laquelle les résultats précédents seront encore applicables, ainsi qu'il résulte des propriétés de $\Gamma(z)$ démontrées au Chapitre IV.

L'égalité $\Gamma(1 + z) = z\Gamma(z)$ nous donne

$$F(1 + it) - F(it) = \log it = \log t + \frac{\pi i}{2},$$

d'où

$$p(1,t) - p(0,t) = \log t, \qquad q(1,t) - q(0,t) = \frac{\pi}{2},$$

et, par suite,

$$A_\nu = \pi \int_0^\infty e^{-2\nu\pi t}\,dt = \frac{1}{2\nu}, \qquad B_\nu = -2 \int_0^\infty e^{-2\nu\pi t} \log t\,dt.$$

1. Ces résultats restent encore valables si la fonction $F(z)$, tout en vérifiant les autres conditions énoncées ci-dessus, devient infinie pour $z = 0$ ou pour $z = 1$ d'un ordre inférieur à *un*, ce qu'on démontre facilement par un raisonnement analogue à celui du nº 29.

La valeur de B_ν s'obtient en différentiant l'égalité

$$\int_0^\infty e^{-2\nu\pi t}\, t^2\, dt = \Gamma(1+\varepsilon)(2\nu\pi)^{-(1+\varepsilon)}.$$

par rapport à ε, ce qui donne

$$\int_0^\infty e^{-2\nu\pi t}\, t^\varepsilon \log t\, dt = \Gamma'(1+\varepsilon)(2\nu\pi)^{-(1+\varepsilon)} - \Gamma(1+\varepsilon)(2\nu\pi)^{-(1+\varepsilon)} \log(2\nu\pi),$$

et en faisant ensuite tendre ε vers zéro. Comme on a $\Gamma(1) = 1$, $\Gamma'(1) = -C$, on trouve ainsi

$$B_\nu = \frac{C + \log(2\nu\pi)}{\nu\pi}.$$

Nous montrerons d'ailleurs plus loin (p. 86) que $A_0 = \log \sqrt{2\pi}$, et, en tenant compte du résultat (18) ci-dessus et de l'égalité (13), page 32, nous aurons finalement le développement dû à Kummer :

$$\log\Gamma(x) = \log \sqrt{2\pi} - (C + \log 2\pi)\left(x - \frac{1}{2}\right) - \frac{1}{2}\log(2\sin\pi x) + \frac{1}{\pi}\sum_1^\infty \frac{\log\nu}{\nu}\sin 2\nu\pi x.$$

CHAPITRE IV.

LES FONCTIONS $\Gamma(x)$, $\zeta(s)$, $\zeta(s, w)$.

I. — *Expressions diverses de* $\log\Gamma(x)$ *et de ses dérivées sous forme d'intégrales définies.*

43. Pour déduire ces expressions des formules générales établies au Chapitre précédent, nous allons nous servir de l'égalité

$$D_x^{(2)} \log\Gamma(x) = \sum_0^\infty \frac{1}{(x+\nu)^2}. \tag{1}$$

Nous devons donc substituer dans nos formules

$$f(z) = \frac{1}{(x+z)^2}, \tag{2}$$

d'où il résulte, d'après les égalités (12), page 55,

$$p(\tau, t) = \frac{(x+\tau)^2 - t^2}{[(x+\tau)^2 + t^2]^2}, \qquad q(\tau, t) = -\frac{2(x+\tau)t}{[(x+\tau)^2 + t^2]^2}.$$

Admettons que *la partie réelle de la variable x est positive.* Les trois dernières conditions énoncées à la page 54 seront alors vérifiées dans le demi-plan $\tau \geqq 0$, de sorte qu'on pourra appliquer la formule (IV), page 58, en y faisant $m = 0$. On trouve ainsi

$$D_x^{(2)} \log\Gamma(x) = \frac{1}{x} + \frac{1}{2x^2} + 4x \int_0^\infty \frac{t}{(x^2+t^2)^2} \frac{dt}{e^{2\pi t} - 1},$$

puis, en intégrant et en désignant par K la constante d'intégration,

$$D_x \log\Gamma(x) = K + \log x - \frac{1}{2x} - 2\int_0^\infty \frac{t}{x^2+t^2} \frac{dt}{e^{2\pi t} - 1},$$

et, par une deuxième intégration,

$$\log \Gamma(x) = K' + Kx + \left(x - \frac{1}{2}\right)\log x - x + J(x), \tag{3}$$

K' désignant une nouvelle constante et $J(x)$ l'expression

$$J(x) = 2\int_0^\infty \operatorname{arc\,tang}\frac{t}{x}\,\frac{dt}{e^{2\pi t}-1}, \tag{4}$$

qu'on peut écrire encore, en intégrant par parties,

$$J(x) = \frac{1}{\pi}\int_0^\infty \frac{x}{x^2+t^2}\log\left(\frac{1}{1-e^{-2\pi t}}\right)dt. \tag{4'}$$

Les valeurs des constantes K et K' s'obtiennent immédiatement en rapprochant (3) de l'égalité (1) de la page 66. Mais, si l'on ne veut pas se servir de cette dernière égalité, on arrivera encore facilement à déterminer K et K' en s'appuyant sur les propriétés bien connues de la fonction $\Gamma(x)$ qui s'expriment par les équations

$$\Gamma(x+1) = x\Gamma(x), \qquad \Gamma(x)\Gamma(1-x) = \frac{\pi}{\sin \pi x}. \tag{5}$$

En effet, si l'on retranche l'égalité (3) de celle qu'on en déduit en changeant x en $x+1$, on trouve, en vertu de la première propriété,

$$(K-1) + \left(x+\frac{1}{2}\right)\log\left(1+\frac{1}{x}\right) + J(x+1) - J(x) = 0.$$

Or, lorsque x croît indéfiniment, les deux derniers termes s'évanouiront, tandis que le second terme tendra vers 1. Donc $K = 0$.

D'après la seconde propriété, on aura, pour $x = \frac{1}{2} + iu$,

$$\Gamma\left(\frac{1}{2}+iu\right)\Gamma\left(\frac{1}{2}-iu\right) = \frac{2\pi e^{-\pi u}}{1+e^{-2\pi u}},$$

d'où résulte l'égalité

$$\text{Partie réelle de } \log\Gamma\left(\frac{1}{2}+iu\right) = \log\sqrt{2\pi} - \frac{\pi u}{2} + \varepsilon(u) \quad (^1),$$

dont s'est déjà servi Stieltjes pour une question analogue (2).

1. Pour la notation $\varepsilon(u)$, *voir* la note de la page 46.
2. *Sur le développement de* $\log\Gamma(a)$ (*Journal de Liouville*, t. V, 1889).

Faisons d'autre part $x = \frac{1}{2} + iu$ dans l'égalité (3). Un calcul élémentaire donne

$$\text{Partie réelle de } \left(x - \frac{1}{2}\right)\log x = -u \operatorname{arc\,tang} 2u = -\frac{\pi u}{2} + \frac{1}{2} + \varepsilon(u),$$

et comme d'ailleurs, d'après l'égalité (4'), $J\left(\frac{1}{2} + iu\right)$ s'annule pour $u = \infty$ (1), on aura

$$\text{Partie réelle de } \log\Gamma\left(\frac{1}{2} + iu\right) = K' - \frac{\pi u}{2} + \varepsilon(u).$$

La comparaison de cette expression avec la précédente donne

$$K' = \log\sqrt{2\pi},$$

et, par suite, on aura en définitive (2)

$$\log\Gamma(x) = \log\sqrt{2\pi} + \left(x - \frac{1}{2}\right)\log x - x + J(x), \tag{6}$$

$$D_x \log\Gamma(x) = \log x - \frac{1}{2x} + J'(x). \tag{7}$$

On peut écrire (6) sous la forme asymptotique

$$\log\Gamma(x) = \log\sqrt{2\pi} + \left(x - \frac{1}{2}\right)\log x - x + \varepsilon(x), \tag{8}$$

et, en remplaçant x par $x + \xi$, on en déduit aisément

$$\log\Gamma(x + \xi) = \log\sqrt{2\pi} + \left(x + \xi - \frac{1}{2}\right)\log x - x + \varepsilon(x). \tag{9}$$

---

1. En effet, on a

$$|x^2 + t^2| \geqq |u|$$

pour toute valeur t et, d'autre part,

$$|x^2 + t^2| > \frac{u^2}{2} \quad \text{pour} \quad t^2 < \frac{u^2}{2},$$

d'où l'on déduit aisément la proposition énoncée.

2. La formule (7) est due à Poisson (*Mémoires de l'Institut*, Année 1811, seconde Partie, p. 221).— *Voir* aussi Legendre, *Exercices de Calcul intégral*, 5e Partie, p. 190. C'est Schaar qui a le premier appliqué la formule (IV) à l'étude de la fonction $\Gamma(x)$, dans le Mémoire cité à la page 69.

À l'aide de (8) nous allons calculer *l'intégrale de Raabe*

$$R(\nu) \equiv \int_{\nu}^{\nu+1} \log\Gamma(x)\,dx.$$

En intégrant le second membre de cette égalité (8), il vient

$$R(\nu) = \log\sqrt{2\pi} + \nu\log\nu - \nu + \varepsilon(\nu).$$

Mais, d'autre part, on a

$$R'(\nu) = \log\Gamma(\nu+1) - \log\Gamma(\nu) = \log\nu,$$

d'où il résulte, en intégrant et désignant par K une constante,

$$R(\nu) = K + \nu\log\nu - \nu.$$

La comparaison de ces expressions donne $K = \log\sqrt{2\pi}$, $\varepsilon(\nu) \equiv 0$, et, par suite,

$$\int_{\nu}^{\nu+1} \log\Gamma(x)\,dx = \log\sqrt{2\pi} + \nu\log\nu - \nu.$$

Pour $\nu = 0$, cette expression se réduit à $\log\sqrt{2\pi}$ (*cf.* p. 82).

44. Pour établir l'égalité (6), nous avons dû supposer la partie réelle de la variable x positive, et, en effet, il est aisé de voir que l'axe imaginaire constitue une *coupure* pour l'intégrale $J(x)$, de sorte que celle-ci représente des fonctions analytiques distinctes à droite et à gauche de cet axe ([1]). Pour mieux fixer, nous conviendrons de désigner ces fonctions respectivement par $J_+(x)$ et $J_-(x)$.

Cherchons la différence des valeurs que prennent ces deux fonctions en un point x' situé sur l'axe imaginaire positif. L'expression

$$\varphi(t,x) \equiv \frac{1}{\pi}\frac{x}{x^2+t^2}\log\left(\frac{1}{1-e^{-2\pi t}}\right),$$

1. *Cf.* deux Mémoires de Hermite insérés dans les Tomes 91 et 92 du *Journal de Crelle*. La notion de coupure était d'ailleurs familière à Cauchy, qui en avait rencontré des exemples dès ses premières recherches sur les intégrales définies. *Voir*, par exemple, *Œuvres*, série II, t. VI, 1826, p. 271, où Cauchy démontre que l'intégrale

$$\int_{-\pi}^{\pi} \frac{f(e^{ip})\,dp}{1 - s\,e^{-ip}}$$

est égale à $2\pi f(s)$ ou à 0, suivant que $|s| < 1$ ou $|s| > 1$. On trouve des réflexions générales relatives à ce sujet dans le *Mémoire sur les fonctions continues* (*Œuvres*, série I, t. VIII, 1844, p. 145–160) et dans le *Mémoire sur diverses propriétés remarquables et très générales des fonctions continues* (*Ibid.*, t. IX, 1845, p. 32–53).

sur laquelle porte l'intégrale $J(x)$, admet les points $t = \pm ix$ comme pôles du premier ordre. Lorsque la différence $x - x'$ tend vers *zéro*, sa partie réelle restant positive, le pôle $t = -ix$ viendra, du côté inférieur de l'axe réel, se confondre avec le point $-ix'$ de cet axe, de sorte que l'intégrale $J(x)$ n'aura plus de sens. Mais, pour remédier à cet inconvénient, il suffit de déformer le chemin d'intégration dans $J(x)$ de manière à éviter le point singulier en question ; par exemple, en remplaçant un petit segment ac de l'axe réel, renfermant le point $-ix'$, par un demi-cercle ab_1c tournant la convexité vers le haut, comme l'indique la figure ci-dessous. La valeur que prend la fonction $J_+(x)$ au point x' sera alors représentée par l'intégrale $\int \varphi(t, x')\,dt$ prise suivant le chemin $0\,ab_1\,c\,\infty$ et, par un raisonnement analogue, on montre que la valeur $J_-(x')$ est égale à cette même intégrale étendue au chemin symétrique $0\,ab_2\,c\infty$. Donc la différence $J_+(x') - J_-(x')$ s'exprime par l'intégrale $\int \varphi(t, x')\,dt$ prise le long du contour fermé $ab_1\,cb_2\,a$, intégrale qui est égale au produit de $-2\pi i$ par le résidu de $\varphi(t, x')$ relatif au pôle $t = -ix'$, c'est-à-dire à $-\log(1 - e^{2\pi i x'})$.

Fig. 3.

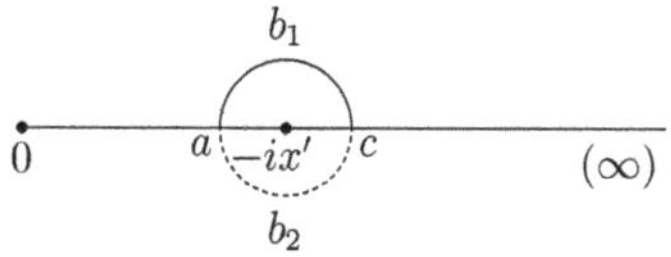

On aura donc, pour tout point de l'axe imaginaire positif,

$$J_+(x) = J_-(x) - \log(1 - e^{2\pi i x}),$$

et il en résulte, d'après le principe établi au n° 9, que l'expression $J(x) - \log(1 - e^{2\pi i x})$ fournit le prolongement analytique de la fonction $J_+(x)$ au delà de cette droite. On démontre de même que le prolongement de $J_+(x)$ au delà de la partie négative de l'axe imaginaire est donné par l'expression $J(x) - \log(1 - e^{-2\pi i x})$ et, en fin de compte, nous arrivons donc à cette conclusion que, *dans le cas où la partie réelle de la variable x est négative, la formule* (6) *doit être remplacée par la suivante :*

$$\text{(10)} \qquad \log\Gamma(x) = \log\sqrt{2\pi} + \left(x - \frac{1}{2}\right)\log x - x + J(x) - \log(1 - e^{\pm 2\pi i x}),$$

où l'on doit choisir, dans le dernier terme, le signe + ou le signe −, suivant que le point x se trouve au-dessus ou au-dessous de l'axe réel (1).

1. On suppose l'argument de la variable x compris entre les limites $-\pi$ et π.

Mais il existe une autre méthode beaucoup plus directe pour effectuer le prolongement de la fonction $J_+(x)$. En effet, il suffit d'appliquer à l'intégrale $J(x)$ le procédé bien connu qui consiste à faire tourner d'un angle convenable la droite qui sert de chemin d'intégration ([1]), procédé dont nous aurons encore à faire un usage étendu au dernier Chapitre de cet ouvrage.

Désignons par $J_\psi(x)$ l'intégrale $\int \varphi(t,x)\,dt$, prise de 0 à ∞ le long du rayon D_ψ qui forme l'angle ψ avec l'axe réel positif, et supposons d'ailleurs $-\frac{\pi}{2} < \psi < \frac{\pi}{2}$. Lorsque le point t décrit le rayon D_ψ les deux seuls points singuliers $\pm it$ de l'expression $\varphi(t,x)$, considérée comme fonction de x, resteront sur la droite perpendiculaire à D_ψ et passant par l'origine. Dans chacun des demi-plans situés de part et d'autre de cette droite, $J_\psi(x)$ représentera évidemment une fonction continue de x admettant une dérivée continue, donc une fonction analytique holomorphe. Nous entendrons désormais par $J_\psi(x)$ celle de ces fonctions qui est définie dans le demi-plan renfermant l'axe réel positif, de sorte que, si l'on pose $x = re^{i\theta}$, l'angle θ restera compris entre les limites

$$\psi - \frac{\pi}{2} < \theta < \psi + \frac{\pi}{2}. \tag{11}$$

Cela posé, je dis que $J_\psi(x)$ *donne le prolongement analytique de* $J_+(x)$ *dans le domaine* (11). Il suffit de faire voir que les deux fonctions prennent les mêmes valeurs sur l'axe réel positif. *A* cet effet, je trace de l'origine comme centre deux arcs de cercles, l'un ab de rayon ε, l'autre AB de rayon R, et tous les deux compris entre l'axe réel positif et le rayon D_ψ comme l'indique la figure 4.

La variable x ayant une valeur positive quelconque, l'intégrale $\int \varphi(t,x)\,dt$, étendue au contour du quadrilatère mixtiligne $aABba$, se réduira évidemment à *zéro* puisque $\varphi(t,x)$ est holomorphe dans tout ce domaine, quels que soient d'ailleurs ε et R.

Fig. 4.

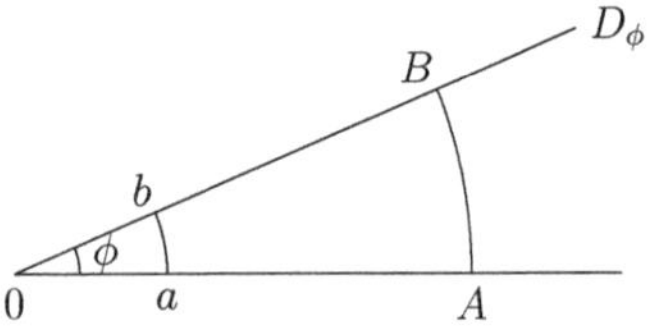

1. Il semble que M. Mellin soit le premier qui ait appliqué cette idée à l'intégrale $J(x)$ (*Acta Societatis Scientiarum Fennicæ*, t. XXXI, nº 2, 1902, p. 45).

Je fais maintenant tendre ε vers *zéro* et R vers l'infini. Le produit $t\varphi(t,x)$ tendant uniformément vers *zéro* sur chacun des arcs ab et AB, les intégrales relatives à ces arcs s'évanouiront à la limite. Donc l'intégrale $\int \varphi(t,x)\,dt$, prise le long de l'axe réel positif, aura la même valeur que si l'on prend pour chemin d'intégration le rayon D_ψ, c'est-à-dire qu'on aura $J_+(x) = J_\psi(x)$ pour toute valeur positive de x. C. Q. F. D.

45. Après cette digression, qui nous a fourni l'occasion de rappeler deux méthodes générales d'un fréquent usage dans la théorie des fonctions, nous reviendrons à l'expression (1) et nous lui appliquerons la formule (II') de la page 55, en y faisant $m = 0, \alpha = -\xi$ $(0 < \xi < 1)$. Nous trouvons ainsi, en remplaçant encore x par $x + \xi$, et en supposant la partie réelle de la variable x positive,

$$D_x^{(2)} \log \Gamma(x+\xi) = \frac{1}{x} + \int_0^\infty \frac{2(x^2-t^2)}{(x^2+t^2)^2} X(\xi,t)\,dt + \int_0^\infty \frac{4xt}{(x^2+t^2)^2} \Psi(\xi,t)\,dt.$$

En intégrant, on en déduit

$$D_x \log \Gamma(x+\xi) = \log x - \int_0^\infty \frac{2x}{x^2+t^2} X(\xi,t)\,dt - \int_0^\infty \frac{2xt}{x^2+t^2} \Psi(\xi,t)\,dt.$$

En effet, la constante d'intégration est nulle, car le second membre peut s'écrire $\log x + \varepsilon(x)$, et l'expression asymptotique du premier membre, d'après (7), est précisément de cette forme.

Avant d'effectuer la seconde intégration, nous allons transformer les intégrales en nous servant des relations [1].

$$\Psi(\tau,t) = D_t\overline{\Psi}(\tau,t), \qquad X(\tau,t) = D_t\overline{X}(\tau,t), \tag{12}$$

où

$$\overline{\Psi}(\tau,t) = \frac{1}{4\pi}\log(1 - 2e^{-2\pi t}\cos 2\pi\tau + e^{-4\pi t}),$$
$$\overline{X}(\tau,t) = -\frac{1}{2\pi}\operatorname{arc\,tang}\left(\frac{\sin 2\pi\tau}{e^{2\pi t} - \cos 2\pi\tau}\right).$$

En intégrant par parties et en observant que

$$\overline{\Psi}(\tau,\infty) = 0, \qquad \overline{X}(\tau,\infty) = 0, \qquad \overline{X}(\tau,0) = \frac{1}{2}\left(\tau - \frac{1}{2}\right),$$

1. On obtient immédiatement ces relations en observant que le quotient (10) de la page 55 est la dérivée de l'expression $-\dfrac{1}{2\pi i}\log(e^{2\pi i z} - 1)$, laquelle, en faisant $z = \tau + it$, peut se mettre sous la forme $i[\overline{\Psi}(\tau,t) + i\overline{X}(\tau,t)]$

on trouve que $D_x \log\Gamma(x+\xi)$ peut se mettre sous la forme

$$\log x + \frac{\xi - \frac{1}{2}}{x} - \int_0^\infty \frac{4xt}{(x^2+t^2)^2}\,\overline{X}(\xi,t)\,dt + \int_0^\infty \frac{2(x^2-t^2)}{(x^2+t^2)^2}\,\overline{\Psi}(\xi,t)\,dt.$$

Effectuant une nouvelle intégration, on aura maintenant

$$\log\Gamma(x+\xi) = \log\sqrt{2\pi} + \left(x+\xi-\frac{1}{2}\right)\log x - x + J(x,\xi), \tag{13}$$

avec

$$J(x,\xi) = \int_0^\infty \frac{2t}{x^2+t^2}\,\overline{X}(\xi,t)\,dt - \int_0^\infty \frac{2x}{x^2+t^2}\,\overline{\Psi}(\xi,t)\,dt. \tag{14}$$

La valeur $\log\sqrt{2\pi}$ de la constante d'intégration s'obtient par comparaison avec la formule asymptotique (9), en observant que $J(x,\xi)$ s'annule pour $x=\infty$. L'expression (13) est due à M. Landsberg, qui l'a trouvée par une autre voie ([1]).

46. Appliquons maintenant la formule (8), page 76, avec $m=0$, $\alpha=-\xi$ $(0<\xi<1)$, remplaçons x par $x+\xi$ et faisons tendre n vers l'infini. En observant que $\overline{\varphi}_1(-\xi) = \frac{1}{2} - \xi$, on trouve

$$D_x^{(2)} \log\Gamma(x+\xi) = \frac{1}{x} - \frac{\xi-\frac{1}{2}}{x^2} - 2\int_{-\xi}^\infty \frac{\overline{\varphi}_1(\tau)\,d\tau}{(x+\xi+\tau)^3}, \tag{15}$$

puis, en intégrant et déterminant la constante comme plus haut,

$$D_x \log\Gamma(x+\xi) = \log x + \frac{\xi-\frac{1}{2}}{x^2} + \int_{-\xi}^\infty \frac{\overline{\varphi}_1(\tau)\,d\tau}{(x+\xi+\tau)^2} \tag{16}$$

Je dis que le dernier terme est la dérivée de l'expression

$$-\int_{-\xi}^\infty \frac{\overline{\varphi}_1(\tau)\,d\tau}{x+\xi+\tau}. \tag{17}$$

On le vérifie immédiatement, en admettant que cette expression ait un sens. Or il en est bien ainsi, car l'égalité $\varphi(\tau) = \tau - \nu - \frac{1}{2}$, qui a lieu pour $\nu<\tau<\nu+1$ (*voir* p. 33), nous donne

$$-\int_\nu^{\nu+1} \frac{\overline{\varphi}_1(\tau)}{x+\tau}\,d\tau = \left(x+\nu+\frac{1}{2}\right)\log\left(1+\frac{1}{x+\nu}\right) - 1, \tag{18}$$

1. *Sur un nouveau développement de la fonction gamma (Mém. cour. et autres Mém. publiés par l'Académie de Belgique*, t. LV, 1897).

et le développement du second membre suivant les puissances descendantes de $x+\nu$ commence par un terme en $(x+\nu)^{-2}$. On en conclut encore que l'expression (17) s'annule pour $x=\infty$.

On trouve dès lors, en intégrant l'égalité (16) et en tenant compte de la formule asymptotique (9),

$$\log\Gamma(x+\xi) = \log\sqrt{2\pi} + \left(x+\xi-\frac{1}{2}\right)\log x - x - \int_{-\xi}^{\infty}\frac{\overline{\varphi}_1(\tau)\,d\tau}{x+\xi+\tau}, \tag{19}$$

et, en se reportant à l'égalité (13) ci-dessus, on en conclut que l'intégrale (17) fournit une nouvelle expression de $J(x,\xi)$.

Il résulte des remarques faites page 79 que l'égalité (15) a lieu pour toute valeur x telle que la fonction (2) et sa dérivée première, après qu'on y aura remplacé x par $x+\xi$, soient finies et continues pour les valeurs réelles de z supérieures ou égales à $-\xi$. Donc cette égalité est vérifiée dans tout le plan, excepté l'axe réel négatif, et, d'après le raisonnement qui précède, il en sera de même des égalités (16) et (19) ([1]).

Pour $\xi=0$, l'égalité (19) nous rend la formule (6) avec cette nouvelle expression de $J(x)$:

$$J(x) = -\int_0^{\infty}\frac{\overline{\varphi}_1(\tau)}{x+\tau}\,d\tau, \tag{20}$$

1. L'expression $J(x,\xi)$ est susceptible d'autres formes, que nous indiquerons en quelques mots. En remplaçant, dans (17), $\overline{\varphi}_1(\tau)$ par la série (14) (p. 32) on en déduit, par un raisonnement qui demande d'ailleurs quelque précaution,

$$J(x,\xi) = \sum_1^{\infty}\int_{-\xi}^{\infty}\frac{\sin 2\nu\pi\tau}{\nu\pi}\,\frac{d\tau}{x+\xi+\tau},$$

développement qui converge uniformément dans toute aire finie n'ayant aucun point commun avec l'axe réel négatif.

En remplaçant dans ce développement $\sin 2\nu\pi\tau$ par des exponentielles et en utilisant la notation

$$\mathrm{Ei}(z) = \int_{\infty}^{z}\frac{e^{-z}}{z}\,dz,$$

on arrive, après des réductions faciles, à cette nouvelle expression

$$J(x,\xi) = \lim_{n=\infty}\sum_{-n}^{+n} e^{2\nu\pi i(x+\xi)}\,\frac{\mathrm{Ei}(2\nu\pi i x)}{2\nu\pi i} \qquad (\nu \neq 0),$$

qui a été donnée par M. Landsberg dans le Mémoire cité page 90.

dont s'est servi Stieltjes dans ses recherches sur la formule de Stirling (*voir* le Mémoire cité page 84).

L'égalité (18) nous permet encore d'écrire

$$J(x) = \sum_{0}^{\infty} \left[\left(x + \nu + \frac{1}{2} \right) \log \frac{x + \nu + 1}{x - \nu} - 1 \right],$$

expression due à Gudermann et qui donne le prolongement analytique dans tout le plan de la fonction $J_+(x)$.

II. — *Développements asymptotiques de* $\log \Gamma(x)$.

47. Le célèbre développement asymptotique qui sert à calculer $\log \Gamma(x)$ pour les grandes valeurs de x, et qu'on appelle généralement, par extension, *série de Stirling*, se déduit de la formule (6) en y développant l'intégrale $J(x)$ suivant les puissances descendantes de x.

En se servant de l'expression (4′) et de l'égalité (5), page 67, on trouve

$$(1) \qquad J(x) = \frac{B_1}{1 \cdot 2} \frac{1}{x} - \frac{B_2}{3 \cdot 4} \frac{1}{x^3} + \cdots + (-1)^{k-1} \frac{B_k}{(2k-1)2k} \frac{1}{x^{2k-1}} + J_k(x),$$

avec

$$(2) \qquad J_k(x) = \frac{(-1)^k}{x^{2k+1}} \frac{1}{\pi} \int_0^{\infty} \frac{t^{2k}}{1 + \frac{t^2}{x^2}} \log\left(\frac{1}{1 - e^{-2\pi t}} \right) dt.$$

On arrive au même développement en intégrant par parties l'expression (20), par des calculs parfaitement analogues à ceux de la page 77, mais le reste $J_k(x)$ se présente alors sous la forme

$$(3) \qquad J_k(x) = -\frac{1}{(2k+2)} \int_0^{\infty} \frac{\overline{P}_{2k+2}(\tau)}{(x + \tau)^{2k+2}} d\tau.$$

Développons maintenant le reste $J(x, \xi)$ de la formule (13) suivant les puissances descendantes de x, et, à cet effet, utilisons d'abord l'expression (14). En observant que les égalités (6) (p. 67), en vertu des relations (12) (p. 89), peuvent s'écrire

$$\varphi_{2k}(x) = (-1)^k (2k-1)2k \int_0^{\infty} 2t^{2k-2}\, \overline{\Psi}(x, t)\, dt,$$

$$\varphi_{2k+1}(x) = (-1)^k 2k(2k+1) \int_0^{\infty} 2t^{2k-1}\, \overline{X}(x, t)\, dt,$$

on trouve immédiatement

$$(4)\qquad J(x,\xi) = \frac{\varphi_2(\xi)}{1\cdot 2}\frac{1}{x} - \frac{\varphi_3(\xi)}{2\cdot 3}\frac{1}{x^2} + \cdots + \frac{\varphi_{2k}(\xi)}{(2k-1)2k}\frac{1}{x^{2k-1}} + J_k(x,\xi)$$

avec

$$J_k(x,\xi) = \frac{(-1)^{k+1}}{x^{2k-1}}\int_0^\infty \frac{2t^{2k}}{x^2+t^2}\overline{\Psi}(\xi,t)\,dt + \frac{(-1)^{k+1}}{x^{2k-2}}\int_0^\infty \frac{2t^{2k-1}}{x^2+t^2}\overline{X}(\xi,t)\,dt.$$

En intégrant par parties l'expression (17) (*voir* le n° 41) on retrouve le développement (4) avec cette nouvelle expression du reste :

$$J_k(x,\xi) = -\frac{1}{2k}\int_{-\xi}^\infty \frac{\overline{\varphi}_{2k}(\tau)\,d\tau}{(x+\xi+\tau)^{2k}}.$$

Le développement de $J(x,\xi)$ a été donné par Hermite et Sonin ([1]).

Pour $\xi = \frac{1}{2}$, on déduit de la formule (13), en y remplaçant $J(x,\xi)$ par le développement (4) et en tenant compte des égalités (17) (p. 33),

$$\log\Gamma\left(x+\frac{1}{2}\right) = \log\sqrt{2\pi} + x\log x - x + \sum_1^k (-1)^\nu \frac{B'_\nu}{(2\nu-1)2\nu}\frac{1}{x^{2\nu-1}} + R_k,$$

avec

$$R_k = \frac{(-1)^{k+1}}{\pi}\frac{1}{x^{2k-1}}\int_0^\infty \frac{t^{2k}}{x^2+t^2}\log(1+e^{-2\pi t})\,dt,$$

ou encore

$$R_k = -\frac{1}{2k}\int_{-\frac{1}{2}}^\infty \frac{\overline{\varphi}_{2k}(\tau)\,d\tau}{\left(x+\frac{1}{2}+\tau\right)^{2k}}.$$

Ce développement est dû à Gauss, à l'expression du reste près.

48. Proposons-nous maintenant d'évaluer une limite supérieure du reste $J_k(x)$ de la série de Stirling et, à cet effet, partons d'abord de l'expression (3). Pour abréger, nous désignerons par T_ν le terme général de la série en question :

$$T_\nu = (-1)^{\nu-1}\frac{B_\nu}{(2\nu-1)2\nu}\frac{1}{x^{2\nu-1}},$$

de sorte que le terme qui précède immédiatement $J_k(x)$ s'écrit T_k.

1. *Journal de Crelle*, Tomes 115 et 116.

Supposons d'abord x *réel et positif*. Comme l'expression $\overline{P}_{2k+2}(\tau)$ a le signe de $(-1)^{k+1}$ (*cf.* p. 33), on voit que $J_k(x)$ *est de même signe que le terme* T_{k+1}, et comme d'ailleurs

$$J_k(x) = T_{k+1} + J_{k+1}(x),$$

et que $J_{k+1}(x)$ et T_{k+1} sont de signes contraires, on en conclut que $J_k(x)$ *est numériquement inférieur à* T_{k+1}.

Soit maintenant $x = r\,e^{i\theta}$, l'argument θ étant compris entre $-\pi$ et π. On aura

$$|x+\tau|^2 = r^2 + 2r\tau\,\cos\theta + \tau^2 = (r+\tau)^2 - 4r\tau\sin^2\frac{\theta}{2},$$

et, par suite, pour $\tau > 0$, en remarquant que $4r\tau \leqq (r+\tau)^2$,

$$|x+\tau|^2 \geqq (r+\tau)^2\cos^2\frac{\theta}{2}.$$

Il en résulte, d'après (3), que le module de $J_k(x)$ est inférieur à

$$\frac{\left(\text{séc}\,\frac{\theta}{2}\right)^{2k+2}}{2k+2}\int_0^\infty \frac{|\overline{P}_{2k+2}(\tau)|}{(r+\tau)^{2k+2}}\,d\tau \equiv \left(\text{séc}\,\frac{\theta}{2}\right)^{2k+2}|J_k(r)|,$$

et, en tenant compte du résultat démontré ci-dessus, on trouve donc finalement l'inégalité due à Stieltjes :

$$\left|J_k(r\,e^{i\theta})\right| < \left(\text{séc}\,\frac{\theta}{2}\right)^{2k+2}|T_{k+1}| \qquad (-\pi < \theta < \pi). \tag{5}$$

On peut atteindre des résultats plus précis en partant de l'expression (2), ce que nous ferons voir aussi brièvement que possible.

Lorsque t croît de 0 à ∞, le point dont l'affixe est $1 + \frac{t^2}{x^2}$, partant du point 1, décrit une droite formant l'angle -2θ avec l'axe réel positif. On en conclut

$$\left|1+\frac{t^2}{x^2}\right| \geqq 1 \qquad \text{pour} \qquad |\theta| \leqq \frac{\pi}{4},$$

$$\left|1+\frac{t^2}{x^2}\right| \geqq |\sin 2\theta| \qquad \text{pour} \qquad \frac{\pi}{4} \leqq |\theta| < \frac{\pi}{2},$$

et par suite, en utilisant l'égalité (5) (p. 67),

$$\begin{cases} \left|J_k(r\,e^{i\theta})\right| < |T_{k+1}| & \text{pour} \quad |\theta| \leqq \frac{\pi}{4}, \\ \left|J_k(r\,e^{i\theta})\right| < \left|\frac{T_{k+1}}{\sin 2\theta}\right| & \text{pour} \quad \frac{\pi}{4} \leqq |\theta| < \frac{\pi}{2}. \end{cases} \tag{6}$$

Pour trouver une limite de $J_k(x)$ dans le cas où $|\theta| \geqq \frac{\pi}{2}$, nous allons nous servir de l'égalité

(7) $$J'_k(x) = 2\frac{(-1)^{k+1}}{x^{2k+2}} \int_0^\infty \frac{t^{2k+1}}{1+\frac{t^2}{x^2}} \frac{dt}{e^{2\pi t}-1},$$

qu'on vérifie immédiatement en développant suivant les puissances descendantes de x l'expression de la dérivée $J'(x)$ qui figure dans la dernière formule de la page 83. En prenant pour chemin d'intégration, dans l'intégrale ci-dessus, le rayon formant avec l'axe réel positif un angle ψ compris entre $-\frac{\pi}{2}$ et $\frac{\pi}{2}$, cette égalité sera valable dans le demi-plan $\psi - \frac{\pi}{2} < \theta < \psi + \frac{\pi}{2}$, ce qu'on démontre en raisonnant comme à la page 89.

Or, en faisant $t = u\,e^{i\psi}$, $x = r\,e^{i\theta}$, on aura, pour $u > 0$,

$$\left|e^{2\pi t} - 1\right| \geqq e^{2\pi u \cos\psi} - 1,$$
$$\left|1 + \frac{t^2}{x^2}\right| \geqq \left|\sin 2(\theta - \psi)\right|.$$

d'où il résulte, d'après (7),

$$\left|J'_k(x)\right| < \left|\frac{2}{\sin 2(\theta-\psi)} \frac{1}{x^{2k+2}}\right| \int_0^\infty \frac{u^{2k+1}\,du}{e^{2\pi u\cos\psi} - 1}.$$

En substituant $u\cos\psi = v$, on en déduit, d'après l'égalité (5) (p. 67),

$$\left|J'_k(x)\right| < K\,\frac{B_{k+1}}{2k+2}\left|\frac{1}{x^{2k+2}}\right|,$$

avec

$$K = \left|\frac{1}{\sin 2(\theta-\psi)\,(\cos\psi)^{2k+2}}\right|,$$

et, par suite, en intégrant $J'_k(x)$ depuis l'infini jusqu'au point x, le long du rayon vecteur passant par ce point,

(8) $$\left|J_k(r\,e^{i\theta})\right| < K\,|T_{k+1}|,$$

résultat qui subsiste dès que les conditions $|\psi| < \frac{\pi}{2}$ et $|\theta - \psi| < \frac{\pi}{2}$ sont vérifiées simultanément.

Si l'on fait, par exemple, $\psi = \theta \mp \frac{\pi}{4}$ suivant que $\theta \gtrless 0$, on aura

$$K = \left[\text{séc}\left(|\theta| - \frac{\pi}{4}\right)\right]^{2k+2},$$

et l'inégalité (8) sera valable pour $|\theta| < \frac{3}{4}\pi$. Jointe à la première des inégalités (6), elle nous donnera donc, pour $|J_k|$, une limite qui est plus précise que celle de Stieltjes tant que $|\theta| < \frac{\pi}{2}$, et qui se confond avec cette dernière pour $|\theta| < \frac{\pi}{2}$.

Mais afin d'obtenir le résultat le plus avantageux, pour un argument donné θ, on devra évidemment choisir l'angle ψ de manière à rendre minimum la constante K, ce qui donne la condition

$$\text{tang}\,\psi\ \text{tang}\,2(\theta - \psi) = -\frac{1}{k+1}.$$

Soit, par exemple, $|\theta| = \frac{\pi}{2}$; on trouve

$$\left|\text{tang}\,\psi\right| = \frac{1}{\sqrt{2k+3}},$$

d'où il résulte

$$K = \sqrt{\frac{k+2}{2}}\left(1 + \frac{1}{2k+3}\right)^{\frac{2k+3}{2}},$$

et, comme le second facteur de cette expression est inférieur à $\sqrt{e}$, on aura, pour $\theta = \pm\frac{\pi}{2}$,

$$|J_k(x)| < \sqrt{\frac{(k+2)e}{2}}\ |T_{k+1}|,$$

limite bien plus précise que celle de Stieltjes, qui s'écrit $2^{k+1}\,|T_{k+1}|$.

La limite que fournit notre méthode pour $|J_k|$ devient moins précise que celle de Stieltjes lorsque $|\theta|$ dépasse une certaine valeur, supérieure à $\frac{\pi}{2}$. Mais il faut remarquer que, dès que $|\theta| < \frac{\pi}{2}$, l'égalité (10) (p. 87) conduira, en général, à des résultats plus précis que l'une quelconque de ces méthodes. En effet, l'intégrale $J(x)$ sera toujours représentée par le développement (1), et, comme $J_k(x) \equiv -J_k(-x)$ et que l'argument de $-x$ est compris entre $-\frac{\pi}{2}$ et $\frac{\pi}{2}$, on pourra appliquer à $J_k(x)$ les résultats obtenus ci-dessus dans le cas où $|\theta| < \frac{\pi}{2}$. Quant au dernier terme de l'égalité (10), son module est inférieur à

$$\left|\log(1 - e^{-2\pi r\,|\sin\theta|})\right|,$$

quantité qui sera en général très petite par rapport à la limite qu'on trouve pour $|J_k|$. Il n'en serait plus ainsi si le point x était très près de l'axe réel négatif, mais alors on prendrait évidemment le parti de calculer la valeur exacte du terme en question.

III. — *Les fonctions $\zeta(s)$ et $\zeta(s,w)$.*

49. La fonction $\zeta(s)$ est représentée par la série

$$\zeta(s) = 1 + \frac{1}{2^s} + \frac{1}{3^s} + \cdots + \frac{1}{n^s} + \cdots, \tag{1}$$

tant que la partie réelle de la variable complexe

$$s \equiv \xi + i\eta$$

est supérieure à l'unité. Sous la même condition, on aura encore

$$\zeta(s) = \frac{1}{\Gamma(s)} \int_0^\infty \frac{x^{s-1}\,dx}{e^x - 1}, \tag{2}$$

ce qu'on démontre facilement en se servant de l'égalité

$$\frac{1}{\nu^s} = \frac{1}{\Gamma(s)} \int_0^\infty e^{-\nu x} x^{s-1}\,dx$$

C'est en partant de l'expression (2) que Riemann [1] est arrivé, par une application ingénieuse du calcul des résidus, à prolonger $\zeta(s)$ dans tout le plan et à découvrir les propriétés si intéressantes de cette fonction. Nous allons déduire ces mêmes propriétés des formules sommatoires du Chapitre précédent.

A cet effet, posons $f(z) = z^{-s}$, d'où

$$p(\tau,t) = (\tau^2 + t^2)^{-\frac{s}{2}} \cos\left(s \operatorname{arc\,tang} \frac{t}{\tau}\right),$$

$$q(\tau,t) = -(\tau^2 + t^2)^{-\frac{s}{2}} \sin\left(s \operatorname{arc\,tang} \frac{t}{\tau}\right).$$

Les trois dernières conditions de la page 54 sont vérifiées dans le demi-plan $\tau > 0$; en supposant $\xi > 1$, de sorte que la série (1) converge, et en faisant $m = 1$, on trouvera donc, d'après la formule (IV), page 58,

$$\zeta(s) = \frac{1}{2} + \frac{1}{s-1} + 2\int_0^\infty (1 + t^2)^{-\frac{s}{2}} \sin(s \operatorname{arc\,tang} t)\, \frac{dt}{e^{2\pi t} - 1}, \tag{3}$$

1. *Ueber die Anzahl der Primzahlen unter einer gegebenen Grenze*, 1859.

et, d'après la formule (II'), page 55, pour $\alpha = \frac{1}{2}$,

$$(4) \qquad \zeta(s) = \frac{2^{s-1}}{s-1} - 2\int_0^\infty \left(\tfrac{1}{4} + t^2\right)^{-\frac{s}{2}} \sin(s \operatorname{arc\,tang} 2t)\,\frac{dt}{e^{2\pi t}+1}.$$

Une autre expression de $\zeta(s)$ se déduit de la formule (VIII), page 61. En faisant $\alpha = \frac{1}{2}$, $z = \frac{1}{2} + it$, on trouve

$$(5) \qquad \zeta(s) = \frac{4\pi}{s-1}\int_0^\infty \left(\tfrac{1}{4} + t^2\right)^{\frac{1-s}{2}} \frac{\cos\left[(s-1)\operatorname{arc\,tang} 2t\right]}{(e^{\pi t}+e^{-\pi t})^2}\,dt.$$

Les trois expressions ci-dessus ont été données pour la première fois par M. Jensen ([1]).

En partant de la relation

$$\left(1 - \frac{1}{2^{s-1}}\right)\zeta(s) = 1 - \frac{1}{2^s} + \frac{1}{3^s} - \frac{1}{4^s} + \cdots$$

et en appliquant la formule (X), page 62, avec $m = 1$, $\alpha = \frac{1}{2}$, on trouverait encore

$$(6) \qquad \zeta(s) = \frac{2^s}{2^{s-1}-1}\int_0^\infty \left(\tfrac{1}{4} + t^2\right)^{-\frac{s}{2}} \frac{\cos(s\operatorname{arc\,tang} 2t)}{e^{\pi t}+e^{-\pi t}}\,dt.$$

Il est facile de voir que les intégrales définies figurant dans les expressions précédentes représentent des fonctions analytiques, holomorphes pour toute valeur finie de s ; d'après le principe établi au n° 9, on peut en conclure que l'une quelconque de ces expressions donne le prolongement analytique de $\zeta(s)$ dans tout le plan. Il en résulte que $\zeta(s)$ est une fonction uniforme dont le seul point singulier à distance finie est le pôle simple $s = 1$ de résidu 1.

D'autre part, on déduit de l'égalité (3), pour $s = 0$,

$$\zeta(0) = -\frac{1}{2},$$

puis, en retranchant des deux membres $\frac{1}{s-1}$, faisant ensuite tendre s vers l'unité, et tenant compte de l'égalité (3), page 66,

$$\lim_{s=1}\left[\zeta(s) - \frac{1}{s-1}\right] = \frac{1}{2} + 2\int_0^\infty \frac{t}{1+t^2}\,\frac{dt}{e^{2\pi t}-1} = C,$$

1. *L'Intermédiaire des Mathématiciens*, 1895, p. 346.

et enfin, en différentiant par rapport à s, faisant $s = 0$ et utilisant l'égalité (2), page 66,

$$\zeta'(0) = 2\int_0^{\infty} \operatorname{arc\,tang} t \,\frac{dt}{e^{2\pi t}-1} - 1 = -\log\sqrt{2\pi}.$$

50. En appliquant maintenant la formule (II), page 54, avec $m = 1, 0 < \alpha < 1$, on obtient

$$\zeta(s) = \frac{\alpha^{1-s}}{s-1} + \int_{\alpha}^{\alpha+i\infty} \frac{z^{-s}\,dz}{e^{-2\pi i z}-1} + \int_{\alpha}^{\alpha-i\infty} \frac{z^{-s}\,dz}{e^{2\pi i z}-1}, \tag{7}$$

expression qui représente encore $\zeta(s)$ dans tout le plan.

Faisons tendre α vers *zéro* et, pour éviter toute difficulté, supposons $\xi < -1$, de sorte que les expressions sous les signes intégraux restent finies à l'origine. Le premier terme de l'expression ci-dessus s'annulera et, dans les deux autres termes, on aura simplement à remplacer α par 0. En substituant respectivement dans ces derniers termes $z = e^{\frac{\pi i}{2}} t$ et $z = e^{-\frac{\pi i}{2}} t$, l'égalité (7) devient, après une réduction facile,

$$\zeta(s) = 2\sin\frac{\pi s}{2}\int_0^{\infty}\frac{t^{-s}\,dt}{e^{2\pi t}-1}. \tag{8}$$

Comme le second membre de cette égalité représente une fonction holomorphe pour $\xi < 0$, l'égalité subsistera dans toute cette portion du plan, malgré l'hypothèse plus restreinte, $\xi < -1$, admise dans le cours de la démonstration.

L'égalité (8) nous montre que $\zeta(s)$ admet les points $s = -2, -4, \ldots, -2n, \ldots$ comme zéros du premier ordre, et, d'après l'égalité (5), page 67, on en déduit d'autre part

$$\zeta[-(2n-1)] = (-1)^n \frac{B_n}{2n}; \tag{9}$$

enfin, en substituant $2\pi t = x$, l'égalité (8) devient

$$\zeta(s) = 2(2\pi)^{s-1}\sin\frac{\pi s}{2}\int_0^{\infty}\frac{x^{-s}\,dx}{e^{x}-1}, \tag{10}$$

d'où il résulte, par comparaison avec l'égalité (2),

$$\zeta(s) = 2(2\pi)^{s-1}\sin\frac{\pi s}{2}\,\Gamma(1-s)\,\zeta(1-s). \tag{11}$$

C'est l'équation fonctionnelle établie par Riemann, qui joue un rôle fondamental dans la théorie de la fonction $\zeta(s)$.

La formule sommatoire d'Euler et les autres formules établies aux n°s 39–41 conduisent également à des résultats importants relatifs à l'étude asymptotique de la fonction $\zeta(s)$ et au calcul numérique de ses zéros, mais nous ne pouvons nous étendre ici sur cette intéressante question (1).

51. Considérons maintenant la fonction

$$\zeta(s,w) = \frac{1}{w^s} + \frac{1}{(w+1)^s} + \frac{1}{(w+2)^s} + \cdots,$$

qui se réduit à $\zeta(s)$ pour $w = 1$. Nous devons substituer dans nos formules générales

$$f(z) = (z+w)^{-s},$$

d'où

$$p(\tau,t) = \left[(\tau+w)^2 + t^2\right]^{-\frac{s}{2}} \cos\left(s \operatorname{arc\,tang} \frac{t}{\tau+w}\right),$$

$$q(\tau,t) = -\left[(\tau+w)^2 + t^2\right]^{-\frac{s}{2}} \sin\left(s \operatorname{arc\,tang} \frac{t}{\tau+w}\right).$$

Si l'on suppose la partie réelle de w positive, la formule (IV), page 58, sera applicable et nous donnera (2)

$$\zeta(s,w) = \frac{w^{1-s}}{s-1} + \frac{w^{-s}}{2} + 2\int_0^\infty (w^2+t^2)^{-\frac{s}{2}} \sin\left(s \operatorname{arc\,tang} \frac{t}{w}\right) \frac{dt}{e^{2\pi t}-1},$$

expression valable dans tout le plan et qui montre que $\zeta(s,w)$ est une fonction uniforme admettant pour seule singularité à distance finie le pôle $s = 1$ de résidu 1. On en conclut, d'autre part, pour $s = 0$,

$$\zeta(0,w) = \frac{1}{2} - w,$$

puis, en retranchant $\frac{1}{s-1}$ et en faisant tendre s vers l'unité,

$$\lim_{s=1}\left[\zeta(s,w) - \frac{1}{s-1}\right] = -\log w + \frac{1}{2w} + 2\int_0^\infty \frac{t}{w^2+t^2}\frac{dt}{e^{2\pi t}-1},$$

1. Voir pour cette question : Mellin, *Eine Formel für den Logarithmus transcendenter Funktionen von endlichem Geschlecht* (*Acta Soc. Sc. Fenn.*, t. XXIX, n° 4, p. 48–49) ; Gramm, *Note sur les zéros de la fonction ζ(s) de Riemann* (*Acta Mathematica*, t. XXVII) ; Wirtinger, *Einige Anwendungen der Euler-Maclaurin'schen Summenformel* (*ibid.*, t. XXVI), et notre Mémoire cité au n° 35.

2. Cette application de la formule (IV) a été indiquée par Hermite (*Annali di Matematica pura ed applicata*, 3e série, t. V, 1900).

et enfin, en différentiant par rapport à s et faisant ensuite $s = 0$,

$$\zeta_s'(0,w) = \left(w - \frac{1}{2}\right)\log w - w + 2\int_0^\infty \operatorname{arc\,tang}\frac{t}{w}\,\frac{dt}{e^{2\pi t} - 1}.$$

En vertu des égalités (7) et (6), page 85, ces deux dernières expressions se réduisent respectivement à

$$-\frac{\Gamma'(w)}{\Gamma(w)} \qquad \text{et à} \qquad \log\Gamma(w) - \log\sqrt{2\pi}.$$

Ces propriétés de $\zeta(s,w)$ ont été établies par M. Lerch en suivant une autre voie. Pour $w = 1$, elles se réduisent aux propriétés de la fonction $\zeta(s)$ signalées au n° 49.

Appliquons maintenant la formule (II'), page 55, avec $m = 0$, $-1 < \alpha < 0$, et supposons la partie réelle de w supérieure à $-\alpha$, de sorte que la fonction $f(z)$ soit holomorphe pour $\tau \geqq \alpha$. On aura

$$\zeta(s,w) = \frac{(w+\alpha)^{1-s}}{s-1} - 2\int_0^\infty \Big[p(\alpha,t)\,X(\alpha,t) + q(\alpha,t)\,\Psi(\alpha,t)\Big]\,dt,$$

expression valable pour toutes les valeurs de s. Lorsque la quantité w est réelle et comprise entre 0 et 1, on en déduit, en faisant tendre α vers $-w$, et en supposant d'ailleurs la partie réelle de s négative, de sorte que l'expression sous le signe intégral reste finie pour $t = 0$,

$$\zeta(s,w) = 2\sin\frac{\pi s}{2}\int_0^\infty t^{-s}\,\Psi(w,t)\,dt + 2\cos\frac{\pi s}{2}\int_0^\infty t^{-s}\,X(w,t)\,dt.$$

On constate aisément que le second membre de cette égalité définit une fonction holomorphe de s tant que la partie réelle de cette variable est inférieure à 1, et que, pour une valeur donnée s vérifiant cette condition, la même expression définit une fonction analytique de w qui est holomorphe dans la bande comprise entre l'axe imaginaire et la parallèle à cet axe passant par le point $w = 1$. Donc, d'après le principe établi au n° 9, l'égalité en question a lieu tant que s et w restent dans les domaines indiqués.

En égalant s à un entier négatif, $-\nu$, on déduit de la formule précédente, à l'aide des égalités (6), page 52,

$$\zeta(-\nu,w) = -\frac{\varphi_{\nu+1}(w)}{\nu+1}.$$

D'autre part, en supposant $0 < w < 1$ et en substituant aux expressions $\Psi(w, t)$, $X(w, t)$ les développements indiqués dans la note de la page 52, on conclut

$$\zeta(s, w) = 2\Gamma(1-s)\left[\sin\frac{\pi s}{2}\sum_1^\infty \frac{\cos 2\nu\pi w}{(2\nu\pi)^{1-s}} + \cos\frac{\pi s}{2}\sum_1^\infty \frac{\sin 2\nu\pi w}{(2\nu\pi)^{1-s}}\right],$$

résultat dû à M. Hurwitz ([1]). En faisant $w = 1$, on retombe sur la formule (11).

1. *Zeitschrift für Mathematik und Physik*, t. XXVII, 1882.

CHAPITRE V.

APPLICATIONS AU PROLONGEMENT ANALYTIQUE ET À L'ÉTUDE ASYMPTOTIQUE DES FONCTIONS DÉFINIES PAR UN DÉVELOPPEMENT DE TAYLOR.

I. — *Deux théorèmes généraux.*

52. Étant donnée une série de Taylor de la forme

$$F(x) = \varphi(0) + \varphi(1)x + \cdots + \varphi(\nu)\, x^{\nu} + \cdots, \tag{1}$$

où φ est une fonction analytique de son argument, on peut se proposer d'*étudier les propriétés de la fonction $F(x)$, connaissant celles de la fonction φ.*

Nous donnerons dans ce Chapitre un exposé succinct de certains résultats généraux et riches en conséquences relatifs à cette question, en y ajoutant d'ailleurs quelques applications nouvelles. Le peu d'espace dont nous disposons nous obligera cependant à laisser de côté bien des recherches intéressantes, pour lesquelles nous renverrons aux Mémoires originaux.

Pour la bibliographie, on consultera le beau petit livre de M. Hadamard, *La série de Taylor et son prolongement analytique* (*Scientia*). Nous nous bornerons à citer ici, comme ayant un rapport direct au problème qui nous occupe, les remarquables travaux de M. Mellin [1], le grand Mémoire de M. Le Roy, *Sur les séries divergentes*

1. Voici les titres des Mémoires de M. Mellin ayant rapport au sujet qui nous occupe :

Ueber die fundamentale Wichtigkeit des Satzes von Cauchy für die Theorien der Gamma- und der hypergeometrischen Functionen (Acta Societatis Scientiarum Fennicæ, t. XX, n° 12, 1895);

Zur Theorie zweier allgemeinen Klassen bestimmter Integrale (*ibid.*, t. XXII, n° 2, 1896);

Ueber eine Verallgemeinerung der Riemann'schen Funktion $\zeta(s)$ (*ibid.*, t. XXIV, n° 10, 1899);

Eine Formel für den Logarithmus transcendenter Funktionen von endlichem Geschlecht (*ibid.*, t. XXIX, n° 4, 1900).

Die Dirichlet'schen Reihen, die Zahlentheoretischen Funktionen und die unendlichen Produkte von endlichem Geschlecht (*ibid.*, t. XXXI, n° 2, 1902).

Voir aussi *Acta Mathematica*, Tomes XXV et XXVIII.

et les fonctions définies par un développement de Taylor (1), notre Mémoire cité au n° 35, et une Note récente de M. Walter–B. Ford (2).

53. Nous commençons par démontrer le théorème suivant, établi par M. Le Roy, sous une forme moins générale, mais ayant une connexion étroite avec les résultats obtenus antérieurement par M. Mellin :

Soit une fonction analytique $\varphi(z)$ de la variable $z \equiv \tau + it$ qui vérifie les deux conditions suivantes :

1° *$\varphi(z)$ est holomorphe dans un certain demi-plan $\tau \geqq \alpha$;*

2° *Il existe un nombre ϑ inférieur à π et tel que, ε désignant un nombre positif aussi petit qu'on voudra, on ait*

$$\left|\varphi(\alpha + \rho e^{i\psi})\right| < e^{(\vartheta + \varepsilon)\rho} \qquad \textit{pour} \qquad -\frac{\pi}{2} \leqq \psi \leqq \frac{\pi}{2},$$

dès que ρ dépassera une certaine limite finie (3).

Dans ces conditions, on peut affirmer que la fonction $F(x)$ de la variable $x \equiv r e^{i\theta}$ qui est définie par la série (1), *est holomorphe pour tout point x intérieur à l'angle*

$$\vartheta < 0 < 2\pi - \vartheta. \tag{2}$$

En particulier, si la condition 2° est remplie pour $\vartheta = 0$, la fonction $F(x)$ sera holomorphe dans tout le plan, sauf peut-être sur le segment 1 —— $+\infty$ de l'axe réel.

Pour démontrer ce théorème, nous pourrions nous servir des formules établies au Chapitre III, mais nous préférons reprendre la question dès le début par une méthode légèrement modifiée.

Observons d'abord que, si les conditions ci-dessus sont vérifiées pour une valeur donnée de α, elles le seront également pour toute valeur α supérieure à la première. On peut donc supposer que α n'est pas entier et écrire $m - 1 < \alpha < m$, m étant un entier.

Cela posé, le théorème général des résidus nous donne

$$\sum_{m}^{n} \varphi(\nu)\, x^{\nu} = \int_S \Phi(x, z)\, dz, \tag{3}$$

1. *Annales de la Faculté des Sciences de Toulouse*, 2e série, t. II, 1900.
2. *Journal de Mathématiques*, 1903.
3. Il résulte de cette hypothèse que le rayon de convergence de la série (1) est au moins égal à $e^{-\vartheta}$.

en désignant par S le contour qui se compose de la moitié C_R du cercle $|z-\alpha| = R \equiv n + \frac{1}{2} - \alpha$ comprise dans le demi-plan $\tau > \alpha$ et du diamètre de C_R, et en posant

$$\Phi(x,z) = \frac{\varphi(z)\, x^2}{e^{2\pi i z} - 1}.$$

Nous allons voir que, pour les valeurs x situées sur un certain segment $-r_0$ —— 0 de l'axe réel négatif, l'intégrale relative au demi-cercle C_R s'annule lorsqu'on fait tendre n et, par suite, R vers l'infini. En effet, en posant

$$z = \alpha + R\, e^{i\psi}, \qquad x = r\, e^{i\pi} \equiv -r,$$

on aura

$$\Phi(x,z) = \frac{\varphi(\alpha + R\, e^{i\psi})}{e^{\pi i z} - e^{-\pi i z}}\, r^z.$$

Or la condition 2° donne, à partir d'une certaine valeur de R,

$$\left|\varphi(\alpha + R\, e^{i\psi})\, r^z\right| < r^\alpha e^{-R\left(\log\frac{1}{r}\cos\psi - \vartheta - \varepsilon\right)},$$

et, d'autre part, on aura sur C_R (*voir* la note de la page 30)

$$\left|\frac{1}{e^{\pi i z} - e^{-\pi i z}}\right| < k' \qquad \text{pour} \qquad |\psi| \leqq \frac{\pi}{2},$$

et, en désignant par ψ_0 un angle compris entre 0 et $\frac{\pi}{2}$,

$$\left|\frac{1}{e^{\pi i z} - e^{-\pi i z}}\right| < k''\, e^{-\pi\, |\sin\psi|\, R} \qquad \text{pour} \qquad \psi_0 \leqq |\psi| \leqq \frac{\pi}{2},$$

k' et k'' étant des quantités indépendantes de R.

En somme, lorsque $r < 1$, on aura sur C_R les inégalités suivantes :

$$|\Phi(x,z)| < k'\, r^\alpha\, e^{-R\left(\log\frac{1}{r}\cos\psi_0 - \vartheta - \varepsilon\right)} \qquad \text{pour} \qquad |\psi| \leqq \psi_0,$$

$$|\Phi(x,z)| < k''\, r^\alpha\, e^{-R(\pi\sin\psi_0 - \vartheta - \varepsilon)} \qquad \text{pour} \qquad \psi_0 \leqq |\psi| \leqq \frac{\pi}{2}.$$

Fixons maintenant l'angle ψ_0 par la condition $\pi\sin\psi_0 = \vartheta'$, où $\vartheta < \vartheta' < \pi$, puis déterminons r_0 de sorte que $\log\frac{1}{r_0}\cos\psi_0 = \vartheta'$. Tant que $r \leqq r_0$, on aura pour tout point de C_R

$$|\Phi(x,z)| < k\, r^\alpha\, e^{-(\vartheta' - \vartheta - \varepsilon)R},$$

k désignant la plus grande des quantités k' et k'' ; par suite, en faisant tendre R vers l'infini et en supposant $-r_0 < x < 0$, l'intégrale $\int \Phi(x, z)\, dz$ prise le long de C_R tendra effectivement vers zéro, comme nous l'avions dit, de sorte que l'égalité (3) deviendra

$$(4) \qquad \sum_{m}^{\infty} \varphi(\nu)\, x^{\nu} = -\int_{\alpha - i\infty}^{\alpha + i\infty} \Phi(x, z)\, dz \equiv -\int_{\alpha - i\infty}^{\alpha + i\infty} \frac{\varphi(z)\, x^z}{e^{2\pi i z} - 1}\, dz.$$

54. Nous allons maintenant démontrer que le second membre de cette formule définit une fonction holomorphe de x dans l'angle (2).

A cet effet, posons

$$z = \alpha + it \qquad \text{et} \qquad x = r\, e^{i(\pi + \theta_1)},$$

de sorte que $\theta_1 \equiv \theta - \pi$ représente l'argument du point x compté à partir de l'axe réel *négatif* ; on aura

$$(5) \qquad |\Phi(x, z)| = r^{\alpha}\, e^{-\theta_1 t} \left| \frac{\varphi(\alpha + it)}{e^{\pi i \alpha - \pi t} - e^{-\pi i \alpha + \pi t}} \right|,$$

d'où il résulte, en vertu de l'hypothèse 2° (*voir* la note page 46),

$$|\Phi(x, z)| < r^{\alpha}\, e^{-[\pi - \vartheta \pm \theta_1 + \varepsilon(t)]\, |t|}.$$

Dans le second membre de cette inégalité, on doit lire $+\theta_1$ ou $-\theta_1$, suivant que t est positif ou négatif.

Supposons maintenant le point x intérieur au domaine

$$(6) \qquad r > 0, \quad \vartheta + \sigma < \theta < 2\pi - \vartheta - \sigma \quad (\text{d'où} \quad |\theta_1| < \pi - \vartheta - \sigma),$$

σ étant une quantité positive aussi petite qu'on voudra, et désignons par η un nombre positif inférieur à σ. On aura, dès que $|t|$ dépassera une certaine valeur T, $\pi - \vartheta \pm \theta_1 + \varepsilon(t) > \eta$, d'où

$$(7) \qquad |\Phi(x, z)| < r^{\alpha}\, e^{-\eta |t|} \qquad \text{pour} \qquad |t| > T.$$

On peut conclure de cette inégalité que le second membre de (4) définit une fonction holomorphe de x dans le domaine (6). Pour le faire nettement voir, écrivons

$$-\int_{\alpha - i\infty}^{\alpha + i\infty} \Phi(x, z)\, dz = -\sum_{-\infty}^{+\infty} \int_{\alpha + i\nu}^{\alpha + i(\nu + 1)} \Phi(x, z)\, dz.$$

En développant, dans l'expression $\Phi(x,z)$, $x^z \equiv e^{z\log x}$ en série, on voit d'abord que chaque terme du second membre est une fonction entière de $\log x$ et qu'il est, par suite, holomorphe dans le domaine (6). D'autre part, il résulte de l'inégalité (7) que la série ci-dessus est uniformément convergente dans toute portion finie du domaine en question. Pour arriver à la conclusion voulue, nous n'avons dès lors qu'à recourir au théorème établi au n° 10, qui nous montre en même temps que les dérivées de la fonction considérée sont représentées, dans le domaine (6), par les expressions qu'on obtient en différentiant sous le signe intégral (1).

Le résultat qui précède restant vrai quelque petit que soit σ, il est donc démontré que le second membre de l'égalité (4) définit une fonction holomorphe à l'intérieur de l'angle (2), et comme l'égalité en question a lieu sur le segment $-r_0 < x < 0$ qui est intérieur à l'angle (2), cette fonction donnera le prolongement analytique de la série (4), en vertu du principe établi au n° 9.

Or on a d'après l'égalité (4), si m est positif,

$$F(x) = \sum_0^{m-1} \varphi(\nu)\,x^\nu - \int_{\alpha-i\infty}^{\alpha+i\infty} \frac{\varphi(z)\,x^z}{e^{2\pi iz}-1}\,dz \qquad (m-1<\alpha<m), \tag{8}$$

et, pour m négatif, en posant $m = -k$,

$$F(x) = -\sum_1^{k} \frac{\varphi(-\nu)}{x^\nu} - \int_{\alpha-i\infty}^{\alpha+i\infty} \frac{\varphi(z)\,x^z}{e^{2\pi iz}-1}\,dz \qquad \left[-(k+1)<\alpha<-k\right], \tag{9}$$

tandis que, lorsque $m = 0$, la série (4) se confond avec $F(x)$. Donc, dans tous les cas, la fonction $F(x)$ sera holomorphe à l'intérieur de l'angle (2), et notre théorème se trouve ainsi démontré (2).

55. Les considérations qui précèdent conduisent encore à des conséquences intéressantes relatives aux propriétés asymptotiques de $F(x)$. On en déduit, en effet, ce théorème important :

Sous les conditions énoncées page 104, la fonction définie par la série (1) *et qui, d'après le théorème du n°* 53, *est holomorphe dans le domaine* (2), *peut se mettre sous l'une ou l'autre des formes suivantes :*

$$F(x) = x^\alpha\,\varepsilon(x) \qquad \textit{si} \qquad \alpha > -1, \tag{10}$$

$$F(x) = -\sum_1^{k} \frac{\varphi(-\nu)}{x^\nu} + x^\alpha\,\varepsilon(x) \qquad \textit{si} \qquad -(k+1) < \alpha \leqq -k, \tag{11}$$

1. Cette méthode de démonstration, qui permet d'éviter des calculs parfois épineux et presque toujours peu élégants, avait déjà été mise en usage par d'autres auteurs, notamment par M. Mellin.

2. Si m est positif, on suppose que $\varphi(z)$ prend des valeurs finies pour $z = 0, 1, \ldots, m-1$.

$\varepsilon(x)$ désignant une fonction qui tend uniformément vers zéro lorsque x tend vers l'infini dans l'angle

$$\vartheta + \sigma \leqq \theta \leqq 2\pi - \vartheta - \sigma, \tag{12}$$

et cela quelque petite que soit la quantité positive σ.

Il résulte immédiatement des relations (5) et (7) que le module du produit

$$x^{-\alpha} \int_{\alpha - i\infty}^{\alpha + i\infty} \Phi(x, z)\, dz \tag{13}$$

reste au-dessous d'une limite finie dans le domaine (12), et l'on en conclut, d'après les égalités (8) et (9), que la fonction $F(x)$, lorsque α n'est pas un entier, pourra se mettre sous l'une ou l'autre des formes (10) et (11), où *le module de $\varepsilon(x)$ reste inférieur à une quantité finie dans le domaine* (12), si l'on exclut le voisinage de l'origine.

Cette forme moins précise du théorème suffit dans bien des recherches ; on en trouve des applications importantes dans les Mémoires de M. Mellin, cités plus haut.

Si l'on veut démontrer que $\varepsilon(x)$ tend effectivement vers zéro avec $\frac{1}{x}$ dans le domaine (12), des considérations plus délicates deviennent nécessaires. Admettons d'abord que *le nombre α n'est pas entier*. Il s'agit de démontrer que, ε étant fixé aussi petit qu'on le voudra, on pourra trouver une quantité R telle que le module de l'expression (13) reste inférieur à ε pour

$$\vartheta + \sigma \leqq \theta \leqq 2\pi - \vartheta - \sigma, \qquad r > R. \tag{14}$$

En vertu de l'inégalité (7), il est d'abord possible de déterminer le nombre t' de telle sorte que l'on ait

$$r^{-\alpha} \left| \int_{\alpha - i\infty}^{\alpha - it'} \Phi(x, z)\, dz + \int_{\alpha + it'}^{\alpha + i\infty} \Phi(x, z)\, dz \right| < \frac{\varepsilon}{2}$$

pour tout point du domaine (12). Il reste donc à montrer qu'on peut choisir R de manière que l'on ait, dans le domaine (14),

$$\left| x^{-\alpha} \int_{\alpha - it'}^{\alpha + it'} \Phi(x, z)\, dz \right| < \frac{\varepsilon}{2}. \tag{15}$$

En posant $z = \alpha + it$, $x = r e^{i\theta}$, on aura

$$x^{-\alpha}\, \Phi(x, z) = e^{-\theta t} \big[A(t) + iB(t)\big] \big[\cos(t \log r) + i \sin(t \log r)\big], \tag{16}$$

A, B étant des fonctions réelles de t qui sont holomorphes pour toute valeur réelle de cette variable.

Considérons, par exemple, l'intégrale

$$\int_{-t'}^{t'} e^{-\theta t} A(t) \sin(t \log r)\, dt. \tag{17}$$

Je dis d'abord que *le nombre des intervalles alternatifs de croissance et de décroissance que présente l'expression* $|e^{-\theta t} A(t)|$ *entre les limites* $-t'$ *et* t' *est inférieur à un nombre fixe* N *quel que soit* θ.

En effet, les extrémités des intervalles en question qui sont comprises entre $-t'$ et t' correspondent, soit aux zéros de la fonction $A(t)$, soit à ceux de la dérivée de $e^{-\theta t} A(t)$, c'est-à-dire aux racines de l'équation

$$A'(t) - \theta A(t) = 0,$$

lesquelles, à leur tour, ou vérifient simultanément les conditions $A(t) = 0, A'(t) = 0$, ou bien correspondent aux points d'intersection de la courbe $y = \frac{A'(t)}{A(t)}$ avec la droite $y = \theta$. D'ailleurs, entre deux de ces points d'intersection consécutifs sera compris, soit un infini de la fonction $\frac{A'(t)}{A(t)}$, c'est-à-dire un zéro de $A(t)$, soit un zéro de sa dérivée, c'est-à-dire une racine de l'équation

$$A(t)\, A''(t) - \left[A'(t)\right]^2 = 0.$$

Or la fonction $A(t)$ est holomorphe pour tout point de l'intervalle $-t' \leqq t \leqq t'$, et celui-ci ne saurait donc comprendre qu'un nombre fini de racines de chacune des équations

$$A(t) = 0, \qquad A'(t) = 0, \qquad A(t)\, A''(t) - \left[A'(t)\right]^2 = 0,$$

d'où résulte l'exactitude de la proposition énoncée.

Ce point établi, soit M le maximum de $|e^{-\theta t} A(t)|$ pour $-t' \leqq t \leqq t'$, $\vartheta + \sigma \leqq \theta \leqq 2\pi - \vartheta - \sigma$. Je dis que *la partie de l'intégrale* (17) *relative à l'un quelconque des intervalles où* $|e^{-\theta t} A(t)|$ *varie constamment dans le même sens, est numériquement inférieure à* $\frac{2M}{\log r}$.

Soit (a, b) l'un des intervalles en question et soient $t_1, t_2, \ldots, t_\mu$ les multiples successifs de la quantité $\frac{\pi}{\log r}$ compris entre a et b. Les parties de l'intégrale (17) correspondant aux sous-intervalles

$$(t_1, t_2), \quad (t_2, t_3), \quad \ldots, \quad (t_{\mu-1}, t_\mu), \quad (t_\mu, b)$$

sont alternativement de signes contraires, tandis que leurs valeurs numériques vont constamment en décroissant [en admettant, pour fixer les idées, que $\left|e^{-\theta t}A(t)\right|$ décroît de a vers b]. La somme de toutes ces intégrales sera donc numériquement plus petite et de même signe que la première d'entre elles. Comme d'ailleurs les parties de l'intégrale (17) relatives aux intervalles (a, t_1) et (t_1, t_2) sont de signes contraires, et que chacune d'elles est numériquement inférieure à la quantité

$$M\int_0^{\frac{\pi}{\log r}} \sin(t\log r)\,dt = \frac{2M}{\log r},$$

on arrivera bien à la conclusion voulue.

En somme, l'intégrale (17) sera numériquement inférieure à $\frac{2MN}{\log r}$, pour $\vartheta+\sigma \leqq \theta \leqq 2\pi-\vartheta-\sigma$, et tendra donc uniformément vers zéro dans cet angle lorsque r croît indéfiniment. Comme la même conclusion s'applique à chacune des trois autres intégrales qui proviennent de l'expression (16), il en résulte qu'on pourra effectivement déterminer le nombre R de manière que l'inégalité (15) ait lieu dans les conditions indiquées, et notre démonstration est ainsi achevée dans le cas où α n'est pas entier.

56. Lorsque *le nombre α est un entier*, les expressions (8) et (9) ne sont plus valables, de sorte que la démonstration doit être modifiée. Nous nous placerons dans le cas le plus intéressant, à savoir celui où $\alpha = 0$ est la plus petite valeur pour laquelle soient vérifiées les conditions énoncées à la page 104.

En appliquant alors la formule (8), avec $m = 1$, et en faisant tendre α vers zéro, on trouve, par un calcul analogue à celui du n° 29,

$$F(x) = \frac{1}{2}\varphi(0) - \int_{-i\infty}^{i\infty} \frac{\varphi(z)\,x^2}{e^{2\pi iz}-1}\,dz, \tag{18}$$

et cette formule sera valable pour tout point x intérieur à l'angle (12), ce qu'on démontre en raisonnant comme aux n°s 53–54.

Pour plus de symétrie, posons $x = e^{\pi i}x_1$, $(x_1 = re^{i\theta_1})$, et d'autre part $z = it$, $\varphi(\pm it) = p(t) \pm iq(t)$. L'expression ci-dessus deviendra

$$F(x) = \frac{1}{2}\varphi(0) + \int_0^{\infty} P(t, x_1)\,dt + \int_0^{\infty} Q(t, x_1)\,dt \tag{18'}$$

avec

$$P(t, x_1) = -2p(t)\frac{\sin(t\log x_1)}{e^{\pi t}-e^{-\pi t}},$$

$$Q(t, x_1) = -2q(t)\frac{\cos(t\log x_1)}{e^{\pi t}-e^{-\pi t}}.$$

Je dis que *le dernier terme de l'expression* (18′) *tend uniformément vers zéro lorsque x tend, soit vers l'infini, soit vers zéro, en restant intérieur à l'angle* (12). En effet, comme

$$\cos(t\log x_1) = \frac{1}{2}(e^{\theta_1 t} + e^{-\theta_1 t})\cos(t\log r) - \frac{i}{2}(e^{\theta_1 t} + e^{-\theta_1 t})\sin(t\log r),$$

on voit d'abord qu'il est possible de choisir le nombre t_0 assez petit pour que l'on ait, par exemple,

$$\left|\int_0^{t_0} Q(t, x_1)\,dt\right| < \frac{\varepsilon}{3} \tag{19}$$

pour tout point x du domaine (12) ([1]). D'autre part, pour les mêmes valeurs x, on a $|\theta_1| \leqq \pi - \vartheta - \sigma$, et il s'ensuit que le module de l'expression $Q(t, x_1)$ décroît plus vite qu'une certaine exponentielle $e^{-\eta t}$, où $\eta > 0$; par conséquent, on pourra choisir un nombre T tel que

$$\left|\int_T^{\infty} Q(t, x_1)\,dt\right| < \frac{\varepsilon}{3}$$

pour tout point x du domaine (12). Enfin, en raisonnant comme au nº 55, on voit qu'il existe un nombre R tel que l'on ait

$$\left|\int_{t_0}^{T} Q(t, x_1)\,dt\right| < \frac{\varepsilon}{3}$$

pour $\vartheta + \sigma \leqq \theta \leqq 2\pi - \vartheta - \sigma$, $\left|\log r\right| > R$. Sous les mêmes conditions, le module du dernier terme de l'expression (18′) sera donc inférieur à ε, d'où résulte la proposition énoncée.

Cela posé, dans l'égalité (18′), faisons tendre x vers l'origine, en restant dans l'angle (12). Comme $F(0) = \varphi(0)$, on conclut de la proposition ci-dessus que l'intégrale

$$\int_0^{\infty} P(t, x_1)\,dt$$

tendra uniformément vers la limite $\frac{1}{2}\varphi(0)$. Or, si l'on remplace x par $\frac{1}{x}$ ou, ce qui revient au même, x_1 par $\frac{1}{x_1}$, l'intégrale en question changera simplement de signe.

---

1. La fonction $\varphi(z)$ étant, par hypothèse, holomorphe à l'origine, l'expression

$$q(t) \equiv \frac{1}{2i}\left[\varphi(it) - \varphi(-it)\right]$$

renferme t en facteur, d'où il résulte que $Q(t, x_1)$ est holomorphe pour $t = 0$.

Par suite, elle tendra uniformément vers la limite $-\frac{1}{2}\varphi(0)$, lorsque x tend vers l'infini dans l'angle (12), et, en utilisant encore une fois la proposition ci-dessus, on voit donc que, *dans le cas où les conditions énoncées à la page* 104 *sont vérifiées pour* $\alpha = 0$, *la fonction* $F(x)$ *tend uniformément vers zéro lorsque* x *tend vers l'infini en restant intérieur à l'angle* (12).

Ce résultat subsiste d'ailleurs dans des conditions plus générales que celles de la page 104. Ainsi il n'est pas nécessaire que la fonction $\varphi(z)$ soit holomorphe à l'origine ; il suffit, par exemple, qu'elle y prenne une valeur finie et déterminée et que, en outre, l'intégrale

$$\int_0^t \frac{|q(t)|}{t} dt \tag{20}$$

ait un sens. En effet, en vertu de la première de ces hypothèses, la formule (18) restera applicable (*voir* la note de la page 57) et, en vertu de la seconde, il sera possible de satisfaire à l'inégalité (19), qui est la seule où intervienne le caractère de $\varphi(z)$ à l'origine.

De même, on démontre aisément que le résultat ci-dessus reste valable dans le cas où $\varphi(z)$ présente sur l'axe imaginaire un nombre fini de points singuliers distincts de l'origine, $z_1, z_2, \ldots$, tels que le produit $(z-z_\nu)\,\varphi(z)$ tende uniformément vers zéro avec $|z - z_\nu|$ et que l'intégrale

$$\int_0^t \left|\varphi(z_\nu + it)\right| dt$$

ait une valeur finie pour les valeurs réelles de t.

Supposons maintenant que $\varphi(z)$ possède sur l'axe imaginaire un pôle z_0, distinct de l'origine. La formule (18) restera encore valable si l'on y modifie le chemin d'intégration, par exemple en remplaçant un petit segment passant par le point z_0 par un demi-cercle tournant la convexité vers la *gauche*, pourvu que, en même temps, on retranche du second membre le résidu de l'expression

$$2\pi i \frac{\varphi(z)\, x^z}{e^{2\pi i z} - 1}$$

relatif au pôle z_0. On démontre facilement que, après cette modification, l'intégrale qui figure dans la formule (18) tendra toujours uniformément vers $\frac{1}{2}\varphi(0)$, lorsque x tendra vers l'infini dans l'angle (12).

Or, si z_0 est un pôle simple de $\varphi(z)$, le résidu correspondant de l'expression ci-dessus s'écrit Ax^{z_0}, A étant une constante. Dans ce cas, la fonction $F(x)$ restera donc inférieure en valeur absolue à une quantité finie dans le domaine (12), en ne tendant d'ailleurs vers aucune limite fixe lorsque le point x s'éloigne indéfiniment. Si, au contraire, z_0 est un pôle d'ordre $m > 1$, on conclut des remarques précédentes que la fonction $F(x)$ devient infiniment grande de l'ordre de $(\log x)^{m-1}$ lorsque x tend vers l'infini en restant dans l'angle (12).

Les résultats que nous venons de démontrer dans ce numéro pour $\alpha = 0$ s'étendent immédiatement au cas où α est un entier quelconque.

II. — *Applications diverses.*

57. Des théorèmes qui précèdent, nous allons tirer d'abord quelques conséquences intéressantes relatives aux fonctions entières. Soit $\varphi(z) = z^{-\sigma z}$, σ étant un nombre positif < 2; cette fonction est holomorphe pour $\tau \geqq 0$, sauf à l'origine, mais en ce point, $\varphi(z)$ prend une valeur finie, à savoir 1, et la condition concernant l'intégrale (20) se trouve également vérifiée. D'autre part, en posant $z = \rho e^{i\psi}$, on aura

$$\left|\varphi(z)\right| = e^{\sigma\rho(\psi \sin\psi - \log\rho\cos\psi)},$$

et par suite, dès que $\rho > 1$,

$$\left|\varphi(z)\right| < e^{\frac{\pi\sigma}{2}\rho} \qquad \text{pour} \qquad -\frac{\pi}{2} \leqq \psi \leqq \frac{\pi}{2}.$$

On pourra donc appliquer le théorème du n° 55 en faisant $\alpha = 0$, $\vartheta = \frac{\pi\sigma}{2}$, et l'on en conclut que la fonction entière

$$\sum_0^\infty \left(\frac{x}{\nu^\sigma}\right)^\nu \tag{1}$$

tend uniformément vers zéro lorsque x tend vers l'infini, en restant dans l'angle

$$\frac{\pi\sigma}{2} + \varepsilon \leqq \theta \leqq 2\pi - \frac{\pi\sigma}{2} - \varepsilon. \tag{2}$$

Ce résultat étant vrai quelque petits que soient les nombres positifs σ et ε, on voit qu'*il existe des fonctions entières tendant uniformément vers zéro, lorsque x augmente indéfiniment, dans un angle qui est inférieur à 2π d'aussi peu qu'on le voudra.*

Cette remarque est due à M. Mittag-Leffler, qui y a été conduit dans ses recherches sur la fonction (1)

$$\sum_0^\infty \frac{x^\nu}{\Gamma(1+\nu\sigma)} \qquad (\sigma > 0), \tag{3}$$

1. *Comptes rendus*, 2 mars 1903.

qu'on déduit de $F(x)$ en faisant $\varphi(z) = \frac{1}{\Gamma(1+\sigma x)}$. Cette fonction $\varphi(z)$ est holomorphe dans tout le plan et, en se servant de la formule de Stirling, on trouve facilement que l'inégalité

$$\left|\varphi(\alpha + \rho e^{i\psi})\right| < e^{\left(\frac{\pi\sigma}{2}+\varepsilon\right)\rho},$$

où α désigne une constante réelle quelconque et ε un nombre positif arbitrairement petit, est vérifiée pour $-\frac{\pi}{2} \leqq \psi \leqq \frac{\pi}{2}$ dès que ρ est supérieur à une certaine limite finie. Le théorème du n° 55 nous permet donc d'affirmer, non seulement que la fonction (3) tend uniformément vers zéro avec $\frac{1}{x}$ dans l'angle (2), mais encore que l'on a, quelque grand que soit l'entier positif k, la relation

$$\sum_{0}^{\infty} \frac{x^{\nu}}{\Gamma(1+\nu\sigma)} = -\sum_{1}^{k} \frac{x^{-\nu}}{\Gamma(1-\nu\sigma)} + x^{-\alpha}\,\varepsilon(x) \qquad (k < \alpha < k+1),$$

où $\varepsilon(x)$ jouit de la même propriété. Le second membre de cette égalité nous donne donc le développement asymptotique de la fonction (3) dans l'angle $\frac{\pi\sigma}{2} < \theta < 2\pi - \frac{\pi\sigma}{2}$.

Soit maintenant $\varphi(z) = \left[\log(z+\beta)\right]^{-z}$; cette fonction est holomorphe pour $\tau \geqq 0$, si l'on suppose $\beta > 1$; d'autre part, un calcul élémentaire nous donne

$$\left|\varphi(\rho e^{i\psi})\right| = e^{\rho\left(\frac{\psi \sin\psi + \varepsilon(\rho)}{\log\rho} - \log\log\rho \,.\, \cos\psi\right)},$$

d'où il résulte qu'on a, quelque petit que soit le nombre positif ε,

$$\left|\varphi(\rho e^{i\psi})\right| < e^{\varepsilon\rho} \qquad \text{pour} \qquad -\frac{\pi}{2} \leqq \psi \leqq \frac{\pi}{2}$$

dès que ρ dépasse une certaine limite. Dans le cas présent, les conditions énoncées page 104 sont donc vérifiées pour $\alpha = 0$, $\vartheta = 0$, et nous arrivons ainsi à cette conclusion intéressante que *la fonction entière*

$$(4) \qquad E_{\beta}(x) \equiv \sum_{0}^{\infty} \left[\frac{x}{\log(\nu+\beta)}\right]^{\nu} \qquad (\beta > 1)$$

tend vers zéro lorsque x tend vers l'infini suivant un rayon quelconque autre que l'axe réel positif ([1]).

1. *Cf.* une Note de l'auteur insérée dans le Tome XXVII du *Bulletin des Sciences mathématiques* (août 1903). D'autres fonctions du même genre ont été indiquées par MM. Malmquist et Mittag-Leffler (*Comptes rendus*, 12 octobre 1903).

Lorsque $\beta > 2$, les conditions de la page 104 sont vérifiées pour $\vartheta = 0$ et pour une valeur de α comprise entre -2 et -1. On aura donc

$$E_\beta(x) = -\frac{\log(\beta - 1) + \varepsilon(x)}{x},$$

$\varepsilon(x)$ tendant uniformément vers zéro avec $\frac{1}{x}$ dans l'angle

$$\varepsilon \leqq \theta \leqq 2\pi - \varepsilon,$$

quelque petit que soit ε, et l'on en conclut immédiatement que, *pour* $\beta > 2$, *les arguments des racines de l'équation* $E_\beta(x) = 0$ *tendent vers zéro lorsqu'on s'éloigne indéfiniment de l'origine.*

On peut rattacher à la fonction (4) une remarque ingénieuse due à M. Mittag-Leffler (1). D'après ce qui précède, l'expression

$$e^{-E_\beta(x)}$$

définit une fonction entière tendant vers zéro suivant l'axe réel positif, mais vers l'unité suivant tout autre rayon. En désignant par β' un nombre réel supérieur à l'unité et distinct de β, on arrive donc à cette conclusion curieuse que *la fonction entière*

$$e^{-E_\beta(x)} - e^{-E_{\beta'}(x)}$$

tend vers zéro lorsque x tend vers l'infini suivant un rayon quelconque.

Ce paradoxe apparent s'explique par cette remarque que la fonction précédente, bien qu'elle converge vers zéro suivant un rayon quelconque, ne converge *uniformément* vers cette limite dans aucun angle, si petit qu'il soit, qui renferme l'axe réel positif. Il n'est guère possible d'imaginer un exemple plus propre à mettre en évidence l'importance de la notion de *convergence uniforme.*

58. En appliquant à la fonction (1) la formule (8), page 107, avec $m = 1$, on trouve

$$\sum_0^\infty \left(\frac{x}{\nu^\sigma}\right)^\nu = 1 - \int_{\alpha - i\infty}^{\alpha + i\infty} \frac{z^{-\sigma z} x^z}{e^{2\pi i z} - 1} dz \qquad (0 < \alpha < 1),$$

égalité valable pour tout point x intérieur à l'angle

$$\frac{\pi\sigma}{2} < 0 < 2\pi - \frac{\pi\sigma}{2}. \tag{5}$$

1. *Comptes rendus,* 12 octobre 1903. *Voir* aussi un Mémoire de M. Mittag-Leffler qui vient de paraître dans le Tome XXIX des *Acta Mathematica.*

Ce résultat subsiste encore pour $\sigma = 0$, puisque les conditions de la page 104 sont vérifiées pour $\varphi(z) \equiv 1$, $\vartheta = 0$, et l'on aura donc

$$\frac{1}{1-x} = 1 - \int_{\alpha-i\infty}^{\alpha+i\infty} \frac{x^z\,dz}{e^{2\pi iz}-1}$$

dans tout le plan, excepté sur l'axe réel positif. Cela posé, nous allons démontrer la proposition suivante :

Lorsque le paramètre σ tend vers zéro par des valeurs positives, la fonction entière (1) *tend uniformément vers $\frac{1}{1-x}$ dans tout domaine fini n'ayant aucun point commun avec le segment* 1 —— $+\infty$ *de l'axe réel.*

Ceci ayant évidemment lieu dans toute aire intérieure au cercle $|x| = 1$, il suffira de démontrer la proposition pour un domaine X n'ayant aucun point commun avec la partie 0 —— $+\infty$ de l'axe réel. A cet effet, fixons d'abord un nombre positif σ_0 tel que le domaine X soit intérieur à l'angle (5) dès que $\sigma \leqq \sigma_0$; on aura, pour tout point x du domaine X, et pour $\sigma \leqq \sigma_0$,

$$\sum_0^\infty \left(\frac{x}{\nu^\sigma}\right)^\nu - \frac{1}{1-x} = \int_{\alpha-i\infty}^{\alpha+i\infty} \frac{(1-z^{-\sigma z})\,x^z}{e^{2\pi iz}-1}\,dz. \tag{6}$$

Or, en posant $z = \alpha + it$, on peut conclure des calculs du n° 54 que le module de l'expression sous le signe intégral, pour les valeurs considérées de x et de σ et pour les valeurs t de module suffisamment grand, reste inférieur à une certaine exponentielle $e^{-\eta|t|}$, où $\eta > 0$. Il est donc possible de trouver un nombre positif t' tel que les parties de l'intégrale ci-dessus qui correspondent aux valeurs t supérieures à t' ou inférieures à $-t'$, donnent une somme numériquement inférieure, par exemple, à ε, et d'autre part, comme $1 - z^{-\sigma z}$ tend vers zéro avec σ, on pourra assigner un nombre positif $\sigma_0' \leqq \sigma_0$ tel que la partie restante de l'intégrale en question, celle où t varie entre les limites $-t'$ et t', soit inférieure en valeur absolue à ε dès que $\sigma < \sigma_0'$. Le module de la différence (6) sera donc inférieur à 2ε pour tout point du domaine X dès que $\sigma < \sigma_0'$, et notre proposition se trouve ainsi démontrée.

Soit maintenant une série de Taylor quelconque

$$\sum_0^\infty a_\nu x^\nu \tag{7}$$

ayant un rayon de convergence fini et non nul, et soit A son *étoile principale de convergence* ([1]), suivant la terminologie de M. Mittag-Leffler. En s'appuyant sur

1. Le domaine A comprend, de chaque rayon vecteur, le segment compris entre l'origine et le premier point singulier de la fonction (7) qu'on rencontre en cheminant suivant ce rayon.

un théorème fondamental établi par M. Borel ([1]), on déduit immédiatement de la proposition précédente l'intéressante conséquence que voici :

Lorsque σ tend vers zéro par des valeurs positives, la fonction entière $\sum_0^\infty a_\nu\left(\frac{x}{\nu^\sigma}\right)^\nu$ *converge uniformément vers la fonction définie par la série* $\sum_0^\infty a_\nu x^\nu$ *dans toute aire finie intérieure à l'étoile A.*

C'est là, nous semble-t-il, l'exemple le plus simple qu'on puisse trouver de ces expressions limites, réalisant le prolongement d'une série de Taylor en dehors de son cercle de convergence, dont MM. Borel, Mittag-Leffler, Painlevé et d'autres ont ces dernières années enrichi l'Analyse. Du reste, cet exemple n'est qu'un cas très particulier d'un théorème général que nous avons démontré ailleurs ([2]).

59. Supposons maintenant vérifiées les hypothèses suivantes :

1° *La fonction $\varphi(z)$ est uniforme et ne présente qu'un nombre fini de points singuliers ;*

2° *Ayant fixé un nombre positif arbitrairement petit ε, on peut trouver un autre nombre positif R tel que*

$$\left|\varphi(\rho e^{i\psi})\right| < e^{\varepsilon\rho} \qquad \textit{pour} \qquad \rho > R.$$

Le rayon de convergence de la série donnée sera égal à l'unité et, d'après le théorème de la page 104, la fonction $F(x)$ que définit cette série restera holomorphe tant qu'on évitera le segment $1 —— +\infty$ de l'axe réel. Cette branche de la fonction $F(x)$ sera appelée, dans la suite, *la branche principale*, et sera désignée par $\overline{F}(x)$.

Mais nous allons voir que, dans le cas présent, on pourra étudier la fonction $F(x)$ pour toute valeur de x. Soit, en effet, $-n$ un entier négatif inférieur à la partie réelle de chacun des points singuliers de $\varphi(z)$. On pourra appliquer la formule (9) (p. 107) pour $k = n$, à condition de retrancher de son second membre l'expression

$$\Phi(x) \equiv 2\pi i \mathcal{E} \frac{(\varphi(z))\, x^z}{e^{2\pi i z} - 1},$$

la somme s'étendant à tous les points singuliers de $\phi(z)$ situés *à distance finie*. Remarquons en passant que $\Phi(x)$ *est une fonction entière de* $\log x$, ce qu'on voit immédiatement en exprimant les résidus qui y figurent par des intégrales définies, et en développant $x^z \equiv e^{z\log x}$ suivant les puissances ascendantes de $\log x$.

1. *Mémoire sur les séries divergentes*, p. 63–64 et 133–134 (*Annales de l'École Normale*, 1899) et *Leçons sur les séries divergentes*.

2. *Comptes rendus*, 29 décembre 1902, et *Journal de Mathématiques*, t. IX, 1903.

On trouve donc pour $F(x)$ l'expression suivante :

$$(8)\qquad F(z) = -\sum_{1}^{n} \frac{\phi(-\nu)}{x^{\nu}} - \Phi(x) - \int_{\alpha-i\infty}^{\alpha+i\infty} \Phi(x,z)\,dz,$$

où $-(n+1) < \alpha < -n$, expression qui est valable dans tout le plan, sauf sur la partie 0 —— $+\infty$ de l'axe réel.

Je dis que *le dernier terme de cette expression s'évanouit lorsque n croît indéfiniment, si le point x est situé sur le segment* $-\infty$ —— -1 *de l'axe réel*. En effet, en posant

$$\alpha = -\left(n + \frac{1}{2}\right), \quad z = \alpha + it, \quad x = e^{\pi i} r \qquad (r > 1),$$

on aura [*voir* l'égalité (5), page 106]

$$|\Phi(x,z)| = r^{\alpha} \frac{\left|\phi(\alpha + it)\right|}{e^{\pi i} + e^{-\pi i}}, \text{ (†)}$$

et, par suite, en vertu de l'hypothèse 2° ci-dessus,

$$|\Phi(x,z)| < r^{\alpha} e^{-\pi|t| + \varepsilon\sqrt{\alpha^2 + t^2}},$$

ε tendant vers zéro lorsque α tend vers $-\infty$. Comme l'on a

$$\sqrt{\alpha^2 + t^2} < \sqrt{2}\,|\alpha| \qquad \text{pour} \qquad |t| < |\alpha|$$

et

$$\sqrt{\alpha^2 + t^2} < \sqrt{2}\,|t| \qquad \text{pour} \qquad |t| > |\alpha|$$

le module du dernier terme de l'expression (8) sera inférieur à la somme

$$2r^{\alpha} e^{\varepsilon\sqrt{2}|\alpha|} \int_0^{|\alpha|} e^{-\pi t}\,dt + 2r^{\alpha} \int_{|\alpha|}^{\infty} e^{-\pi i + \varepsilon\sqrt{2}t}\,dt,$$

dont les deux termes s'évanouissent pour $\alpha = -\infty$, dès que $r > 1$.

Pour $n = \infty$, l'égalité (8) deviendra donc,

$$(9)\qquad F(x) = -\sum_{1}^{\infty} \frac{\phi(-\nu)}{x^{\nu}} - \Phi(x),$$

(†) *Voir Note 2.*

en supposant d'abord la variable x réelle et inférieure à -1. Mais, comme l'expression figurant au second membre est holomorphe en dehors du cercle $|x| = 1$, elle nous donnera le prolongement de la fonction $F(x)$ dans toute cette région, en vertu du principe établi au n° 9. Donc :

Sous les conditions énoncées à la page 117, la fonction $F(x)$ est holomorphe en dehors du cercle $|x| = 1$ (sauf peut-être à l'infini).

Menons une coupure suivant l'axe réel de 1 à $+\infty$. Dans la région extérieure au cercle $|x| = 1$, et limitée par les deux bords de cette coupure, la branche $\overline{F}(x)$ sera représentée par l'expression (9), où l'argument de x est compris entre 0 et 2π, et la différence entre la valeur que prend cette branche en un point x situé sur le bord supérieur de la coupure, et sa valeur au point correspondant du bord inférieur, sera égale à

$$-\Phi(x) + \Phi(e^{2\pi i} x) \equiv -2\pi i \left[\mathcal{E} \frac{\big(\varphi(z)\big) x^z}{e^{2\pi i z} - 1} - \mathcal{E} \frac{\big(\varphi(z)\big) x^z e^{2\pi i z}}{e^{2\pi i z} - 1} \right],$$

expression qui se réduit à

$$2\pi i \mathcal{E} \big(\varphi(z)\big) x^z, \tag{10}$$

la somme $\mathcal{E}$ s'étendant aux points singuliers de $\varphi(z)$ situés *à distance finie.*

Les valeurs de l'expression

$$\overline{F}_1(x) \equiv \overline{F}(x) + 2\pi i \mathcal{E} \big(\varphi(z)\big) x^z, \tag{11}$$

sur le bord inférieur de la coupure $1 \text{ —— } +\infty$ se confondent donc avec celles que prend la branche principale $\overline{F}(x)$ sur le bord supérieur et, en invoquant toujours le principe établi au n° 9, on en conclut que $\overline{F}_1(x)$ *donne le prolongement de $\overline{F}(x)$ au delà de la coupure $1 \text{ —— } +\infty$, lorsqu'on la traverse de haut en bas.* Si l'on traverse la même coupure de bas en haut, le prolongement de $\overline{F}(x)$ est fourni par l'expression

$$\overline{F}_2(x) \equiv \overline{F}(x) - 2\pi i \mathcal{E} \big(\varphi(z)\big) x^z. \tag{12}$$

Or l'expression (10), étant une fonction entière de $\log x$, admet pour seuls points singuliers l'origine et le point à l'infini, et notre discussion conduit donc au résultat suivant :

Sous les conditions énoncées à la page 117, la fonction $F(x)$ n'admet pas d'autres singularités que les points 1, ∞ et 0, l'origine étant en général point singulier pour toute *branche de la fonction autre que la branche principale. En dehors du cercle* $|x| = 1$, *cette fonction est représentée par l'expression* (9) *qui, jointe aux égalités* (11) *et* (12), *permet d'en poursuivre l'étude pour toutes les valeurs de* x ([1]).

60. Appliquons d'abord ce résultat au cas où $\varphi(z)$ n'a pas de points singuliers à distance finie. Alors, en vertu de l'hypothèse 2°, $\varphi(z)$ *est une fonction entière dont le module croît moins vite que* $e^{\varepsilon|z|}$, quelque petit que soit ε.

Les égalités (11) et (12) se réduisent à $\overline{F}_1(x) = \overline{F}_2(x) = \overline{F}(x)$, et la formule (9) devient

$$F(x) = -\sum_1^\infty \frac{\varphi(-\nu)}{x^\nu} \qquad \text{pour} \qquad |x| > 1, \tag{13}$$

d'où il résulte que la fonction $F(x)$ est uniforme dans tout le plan, admet $x = 1$ comme seul point singulier et s'annule à l'infini. Donc, d'après le théorème de Laurent, $F(x)$ *est une fonction entière de* $\frac{1}{x-1}$, *sans terme constant* ([2]).

Si, en particulier, $\varphi(z)$ est une fonction *paire*, l'équation (13) devient

$$F(x) = -F\left(\frac{1}{x}\right) + \varphi(0).$$

Pour $x = e^{i\theta}$, cette égalité s'écrit $F(e^{i\theta}) + F(e^{-i\theta}) = \varphi(0)$; donc *la partie réelle de* $F(x)$ *se réduit à la valeur constante* $\frac{1}{2}\varphi(0)$ *sur la circonférence* $|x| = 1$, si l'on suppose la fonction $\varphi(z)$ *réelle* pour les valeurs réelles de z.

Si $\varphi(z)$ est *impaire*, l'égalité (13) prend la forme

$$F(x) = F\left(\frac{1}{x}\right),$$

et l'on en conclut, en particulier, que *la partie imaginaire de* $F(x)$ *s'annule sur la circonférence* $|x| = 1$.

61. Soit en second lieu $\varphi(z)$ une *fonction rationnelle*, cas où les conditions de la page 117 sont toujours vérifiées, et soit a un pôle de $\varphi(z)$. Si c'est un pôle simple, la partie correspondante de l'expression $\Phi(x)$ s'écrit Ax^a, A étant une constante. Si a est un pôle d'ordre $m > 1$, il surviendra des termes en $x^a \log x, \ldots, x^a(\log x)^{m-1}$.

1. On a supposé tacitement que $\varphi(z)$ ne devient infini pour aucune valeur entière de z. Mais il est facile de voir comment doivent être modifiés les résultats qui précèdent dans le cas où cette condition n'est pas remplie.

2. Ce résultat important a été établi à peu près simultanément par M. Le Roy (*voir* p. 348 du Mémoire cité plus haut) et par M. Wigert (*Öfversigt af Svenska Vetenskapsakademiens Förhandlingar*, 1900). Voir aussi un Mémoire de M. Leau (*Journal de Mathématiques*, 1899).

D'après l'égalité (9), on en conclut que, si les pôles de $\varphi(z)$ ont tous leur partie réelle négative, toute branche de la fonction $F(x)$ tend vers *zéro* lorsque x s'éloigne indéfiniment dans une direction quelconque.

Soit, en particulier, $\varphi(z) = z^{-k}$, k étant un entier positif, et considérons la fonction

$$F(x) = \sum_{\nu=1}^{\infty} \varphi(\nu)\, x^{\nu} = \sum_{\nu=1}^{\infty} \frac{x^{\nu}}{\nu^{k}}, \tag{14}$$

qui a fait l'objet des recherches de Lambert, Legendre, Abel, Kummer et de bien d'autres. On aura encore l'égalité (9), en désignant par $\Phi(x)$ le résidu de l'expression

$$\frac{1}{z^k}\frac{2\pi i\, x^z}{e^{2\pi i z}-1}$$

relatif à l'origine. Or, on trouve facilement, à l'aide de la formule (9) (p. 31), que ce résidu est égal à $\frac{(2\pi i)^k}{k!}\varphi_k\left(\frac{\log x}{2\pi i}\right)$, de sorte que l'égalité en question devient

$$F(x) = (-1)^{k+1}\sum_{1}^{\infty}\frac{1}{\nu^k}\frac{1}{x^{\nu}} - \frac{(2\pi i)^k}{k!}\varphi_k\left(\frac{\log x}{2\pi i}\right) \qquad (|x| < 1),$$

résultat dû à M. Jonquière ([1]). D'autre part, l'égalité (11) s'écrit

$$\overline{F}_1(x) = \overline{F}(x) + 2\pi i\frac{(\log x)^{k-1}}{(k-1)!}.$$

Ces relations permettent d'étudier $F(x)$ dans tout le plan; pour $k = 1$, on retrouve les propriétés connues de $\log(1 - x)$.

Les résultats du n° 59 restent encore applicables dans bien des cas où $\varphi(z)$ est une fonction méromorphe, mais pour cette question nous devons nous borner à renvoyer aux Mémoires de M. Mellin, qui en a donné de nombreux exemples.

III. — *Nouvelle méthode de prolongement analytique.*

62. On arrive à d'autres résultats généraux et dignes d'intérêt en se servant de la formule (IV), page 58 ([2]).

Pour en faciliter l'énoncé, nous admettrons d'abord les hypothèses suivantes :

1. *Bihang till Svenska Vetenskapsakademiens Handlingar*, t. XV, 1888.
2. Pour cette Section, *voir* pages 24–36 de notre Mémoire cité au n° 35.

1° *La fonction $\phi(z)$ est holomorphe pour tout point $z \equiv \tau + it$ faisant partie du demi-plan $\tau \geqq 0$;*

2° *Quelque petit que soit le nombre positif ε, on aura*

$$\left|\varphi(\rho\, e^{i\psi})\right| < e^{\varepsilon\rho} \qquad \textit{pour} \qquad -\frac{\pi}{2} \leqq \psi \leqq \frac{\pi}{2},$$

dès que ρ dépassera une certaine limite finie.

En posant $f(z) = \phi(z)\, x^z$, on conclut immédiatement de la seconde hypothèse que la condition (A) (p. 54), lorsque x est réel et positif, est vérifiée uniformément pour $0 \leqq \tau \leqq n$, quelque grand que soit n, et, par un calcul identique à celui de la page 118, on démontre que la condition (B) est remplie si l'on suppose $0 < x < 1$. Pour ces valeurs de x, on pourra donc appliquer la formule (IV) avec $m = 0$, ce qui donne

$$F(x) = \frac{1}{2}\varphi(0) + H(x) + I(x), \tag{1}$$

où

$$H(x) = i\int_0^\infty \frac{\varphi(it)\, x^{it} - \varphi(-it)\, x^{-it}}{e^{2\pi i} - t}\, dt, \tag{2}$$

$$I(x) = \int_0^\infty \varphi(\tau)\, x^\tau\, d\tau, \tag{3}$$

L'étude de la fonction donnée $F(x)$ est donc ramenée à celle des fonctions $H(x)$ et $I(x)$.

En posant $x = r\, e^{i\theta}$, on a

$$\left|x^{it}\right| = e^{-\theta t}, \qquad \left|x^{-it}\right| = e^{\theta t};$$

d'après l'hypothèse 2°, le module de l'expression qui dans (2) figure sous le signe intégral croîtra donc moins vite que $e^{-(2\pi - |\theta| - \varepsilon)t}$, quelque petit que soit ε, et, en raisonnant comme à la page 107, on en déduit ce premier résultat :

L'expression $H(x)$ définit une fonction analytique de la variable $x \equiv r\, e^{i\theta}$ qui est holomorphe pour tout point du domaine

$$-2\pi < \theta < 2\pi, \qquad r > 0.$$

Quant à l'expression $I(x)$, nous nous bornerons pour le moment à constater qu'elle définit une fonction holomorphe à l'intérieur du cercle $|x| = 1$, en exceptant l'origine. Ceci résulte immédiatement de l'inégalité

$$\left|\varphi(\tau)\,x^{\tau}\right| < e^{-\tau\left(\log\frac{1}{r}-\varepsilon\right)},$$

qui, en vertu de l'hypothèse 2°, subsiste à partir d'une valeur finie de τ, quelque petit qu'on se donne le nombre positif ε.

La fonction $F(x)$ est holomorphe pour $|x| < 1$, puisque, d'après l'hypothèse 2°, le rayon de convergence de la série donnée est au moins égal à *un*. On peut donc conclure de l'égalité (1) que $H(x)$ est également holomorphe pour $|x| < 1$, sauf à l'origine qui est pour chacune des fonctions $H(x)$ et $I(x)$ un *point critique*, c'est-à-dire un point singulier autour duquel différentes branches de la fonction se permutent.

Désignons maintenant par $\overline{H}(x)$ la branche de la fonction $H(x)$ qui est définie par l'intégrale (2) dans le domaine $-\pi < \theta < \pi$, et, de même, par $\overline{I}(x)$ la branche de $I(x)$ définie par l'intégrale (3) dans le domaine $-\pi < \theta < \pi$, $r < 1$, et soient d'autre part $\overline{H}_1(x)$, $\overline{I}_1(x)$ les nouvelles branches de ces mêmes fonctions qu'on obtient en prolongeant $\overline{H}_1(x)$, $\overline{I}_1(x)$ le long d'une courbe fermée faisant le tour de l'origine dans le sens direct, et restant intérieure au cercle $|x| = 1$. Comme la somme $H(x) + I(x)$ est uniforme dans ce même cercle, d'après l'égalité (1), on aura

$$\overline{H}_1(x) + \overline{I}_1(x) = \overline{H}(x) + \overline{I}(x),$$

ou bien

$$\overline{H}_1(x) = \overline{H}(x) + \overline{I}(x) - \overline{I}_1(x),$$

et il en résulte que, dans le domaine où était défini $\overline{H}(x)$, la branche $\overline{H}_1(x)$ ne saurait présenter d'autres singularités que celles de la fonction $I(x)$. Cette conclusion s'étend successivement à toutes les branches de $H(x)$, et, après un moment de réflexion, on arrive ainsi au résultat suivant, qui nous paraît intéressant :

Sous les conditions énoncées page 122, toute branche de la fonction $F(x)$ peut se mettre sous la forme $\frac{1}{2}\varphi(0) + \overline{H}(x)$ plus ou moins certaines branches de la fonction $I(x)$.

L'étude de la fonction $F(x)$ revient donc essentiellement à celle de la fonction $I(x)$ et, en particulier, les singularités de $F(x)$ sont toutes comprises parmi celles des différentes branches de $I(x)$.

Cette proposition reste encore vraie si l'on remplace la condition 2° par la suivante qui est plus générale :

Quelque petit que soit ε, on aura

$$\left|\varphi(\rho\, e^{i\psi})\right| < e^{(\vartheta+\varepsilon)\rho} \qquad \textit{pour} \qquad -\frac{\pi}{2} \leqq \psi \leqq \frac{\pi}{2}, \text{ (†)}$$

dès que ρ dépassera une certaine limite, ϑ étant un nombre positif inférieur à π.

L'intégrale (2) définit dans ce cas une fonction holomorphe dans le domaine $|\theta| < 2\pi - \vartheta, r > 0$.

Remarquons encore que la seconde partie de la proposition ci-dessus reste valable dans le cas où les conditions données sont vérifiées, non pas pour $\varphi(z)$, mais pour $\varphi(n_0+z)$, n_0 étant un entier positif quelconque, pourvu toutefois que $\varphi(z)$ soit holomorphe aussi sur le segment $0 \leqq \tau \leqq n_0$ de l'axe réel. On le vérifie immédiatement, en appliquant les résultats précédents à la série

$$\sum_0^\infty \varphi(n_0+\nu)\, x^\nu.$$

63. La proposition précédente permet d'étudier complètement la fonction $F(x)$ toutes les fois qu'on sait calculer l'intégrale $I(x)$ sous forme finie. Nous en donnerons plus loin des exemples ; mais d'abord nous indiquerons un cas assez général où l'on peut poursuivre l'étude de la fonction $I(x)$ et, par suite, celle de la fonction $F(x)$, pour toutes les valeurs de la variable x. Admettons les hypothèses suivantes :

1° *La fonction $\phi(z)$ est holomorphe dans le demi-plan $\tau \geqq 0$.*

2° *L'angle ψ_0 étant donné aussi grand qu'on le voudra, on peut trouver un nombre positif R tel que, en posant $z = \rho\, e^{i\psi}$, la fonction $\varphi(z)$ soit holomorphe pour $-\psi_0 \leqq \psi \leqq \psi_0$, $\rho \geqq R$ (sauf peut-être à l'infini).*

3° *Quelque grand que soit ψ_0 et quelque petit que soit ε, on aura, dès que ρ dépassera une certaine limite,*

$$\left|\varphi(\rho\, e^{i\psi})\right| < e^{\varepsilon\rho} \qquad \textit{pour} \qquad -\psi_0 \leqq \psi \leqq \psi_0.$$

Ces conditions portent sur *la branche principale* de $\varphi(z)$, c'est-à-dire sur celle qui fournit les coefficients de la série donnée.

Nous allons montrer que, *sous les conditions énoncées ci-dessus, la fonction $I(x)$ ne saurait présenter, à distance finie, d'autres points singuliers que l'origine et le point* ($r = 1$, $\theta = 0$).

(†) *Voir Note 3.*

Désignons par $I(x,\psi)$ l'intégrale $\int \varphi(z)\, x^z\, dz$ prise de 0 à ∞ suivant le rayon formant avec l'axe réel positif l'angle ψ, supposé compris entre $-\frac{\pi}{2}$ et $\frac{\pi}{2}$. En posant $x = r\, e^{i\theta}$, $z = \rho\, e^{i\psi}$, on aura

$$|x^z| = e^{\rho(\log r \cos\psi - \theta \sin\psi)},$$

et comme $\left|\varphi(z)\right|$ croît moins vite que $e^{\varepsilon\rho}$ sur le rayon envisagé, en vertu de l'hypothèse 3°, on en conclut, en raisonnant comme à la page 107, que $I(x,\psi)$ représente une fonction analytique holomorphe dans le domaine $T(\psi)$, défini par les inégalités

$$\log r \cos\psi - \theta \sin\psi < 0, \qquad r > 0. \tag{4}$$

Je dis que cette fonction donne le prolongement de la fonction $I(x)$, définie par l'intégrale (3), à l'intérieur du cercle $|x| = 1$. Pour s'en assurer, on n'aura qu'à reprendre le raisonnement donné page 89 et à observer que l'on a sur l'arc AB, pour x réel et positif,

$$\left|x^z\, \varphi(z)\right| < e^{-R(\cos\psi \log\frac{1}{x} - \varepsilon)},$$

d'où il résulte que, si l'on suppose $0 < x < 1$, l'intégrale relative à cet arc s'évanouit lorsque R croît indéfiniment.

Le domaine $T(\psi)$ comprend les points intérieurs à la spirale

$$r = e^{\theta \operatorname{tang}\psi}. \tag{5}$$

Pour $\psi = 0$, celle-ci se confond avec la circonférence $r = 1$. A mesure que $\left|\psi\right|$ augmente, le domaine $T(\psi)$ s'élargit et embrasse, pour $\psi = \frac{\pi}{2}$, tout point ayant un argument $\theta > 0$ et, pour $\psi = -\frac{\pi}{2}$, les points pour lesquels $\theta < 0$, d'où le résultat suivant :

La fonction $I(x)$ reste holomorphe de quelque manière qu'on fasse varier le point x, à condition qu'il ne vienne se confondre ni avec l'origine, ni avec un point situé sur le segment $0 —— \infty$ (†) du rayon d'argument $\theta = 0$.

Lorsque $\left|\psi\right|$ croît au delà de $\frac{\pi}{2}$ on doit dans l'expression $I(x,\psi)$ modifier le chemin d'intégration de manière à éviter les points singuliers de la fonction $\varphi(z)$. Pour fixer les idées, convenons de choisir pour ce chemin le contour Γ qui se compose : 1° du segment $0 —— R$ de l'axe réel ; 2° de l'arc de la circonférence $|z| = R$ compris entre les points $z = R$ et $z = R\, e^{i\psi}$; 3° de la partie du rayon d'argument ψ qui s'étend du point $z = R\, e^{i\psi}$ à l'infini. On suppose R choisi de telle sorte que

(†) *Voir Note 4.*

$\varphi(z)$ soit holomorphe à l'intérieur et sur le contour de la région comprise entre l'axe réel positif et le rayon d'argument ψ, et extérieure au cercle $|z| = R$.

Dans ces conditions, l'expression

$$I(x, \psi) \equiv \int_\Gamma \varphi(z)\, x^z\, dz$$

représentera, pour toute valeur donnée de ψ, une fonction analytique de x qui est holomorphe dans le domaine $T(\psi)$, défini par (4), et cette fonction donnera constamment le prolongement de la fonction $I(x)$. En effet, si les valeurs ψ' et ψ'' sont suffisamment rapprochées, les domaines $T(\psi')$ et $T(\psi'')$ auront une portion commune, et pour tout point x intérieur à cette portion les expressions $I(x, \psi')$ et $I(x, \psi'')$ prendront des valeurs égales, ce qu'on démontre en raisonnant comme page 89. En intercalant entre 0 et ψ une suite de valeurs suffisamment rapprochées et en comparant entre elles deux à deux les expressions $I(x, \psi)$ correspondant à ces valeurs, on arrivera donc au résultat annoncé.

Quant au domaine $T(\psi)$, sa forme se modifie sans cesse lorsque ψ varie. Ainsi, lorsque $\frac{\pi}{2} < \psi < \frac{3\pi}{2}$, de sorte que $\cos\psi < 0$, ce domaine comprend la portion du plan qui est *extérieure* à la spirale (5), et, en particulier, pour $\psi = \pi$, la portion extérieure à la circonférence $|x| = 1$. Pour $\psi = \frac{3\pi}{2}$, $T(\psi)$ se réduit au domaine $\theta < 0$; pour $\frac{3\pi}{2} < \psi < \frac{5\pi}{2}$, ce sera de nouveau la portion du plan intérieure à la spirale (5), laquelle, pour $\psi = 2\pi$, se confond avec la circonférence $|x| = 1$; et ainsi de suite. Pour les valeurs négatives de ψ, les choses se passent d'une manière analogue.

Cette discussion, qui deviendrait plus claire à l'inspection d'une figure, conduit à la conclusion suivante : partant par exemple d'un point situé sur le segment 0 — 1 du rayon d'argument $\theta = 0$, faisons décrire à la variable x, d'un mouvement uniforme, une courbe S qui ne passe ni par l'origine, ni par le point $(r = 1, \theta = 0)$, et qui aboutisse à un point quelconque x_1 distinct de ces deux points; on pourra prescrire à l'angle ψ une variation continue, telle que le point x, en décrivant la courbe S, soit à chaque instant intérieur au domaine $T(\psi)$ et que, par suite, l'expression $I(x, \psi)$ soit holomorphe en ce point. Comme $I(x, \psi)$ donne le prolongement de $I(x)$, d'après ce qui a été dit plus haut, il en résulte que la fonction $I(x)$ est holomorphe en tout point de S et, en particulier, au point x_1, et comme celui-ci était un point quelconque distinct des points $x = 0$ et $(r = 1, \theta = 0)$, la proposition énoncée au début de ce numéro se trouve donc démontrée.

En se reportant maintenant à la proposition démontrée page 123, on arrive à l'intéressant résultat que voici :

Si les conditions énoncées page 122 sont vérifiées, la fonction $F(x)$ ne saurait admettre d'autres points singuliers que 1, ∞ et 0 [l'origine étant en général point singulier pour toute branche de $F(x)$ autre que la branche principale].

Pour que ce résultat soit applicable, il suffit d'ailleurs que les conditions dont il s'agit soient vérifiées pour $\varphi(n_0 + z)$, n_0 étant un entier positif quelconque.

64. Nous indiquerons en quelques mots une généralisation du résultat qui précède. En conservant les deux premières conditions du n° 63, convenons de remplacer la troisième par la suivante qui est plus générale :

Quelque grand que soit ψ_0 et quelque petit que soit ε, on aura, à partir d'une certaine valeur de ρ,

$$\left|\varphi(\rho e^{i\psi})\right| < e^{(\vartheta+\varepsilon)\rho} \qquad \textit{pour} \qquad -\psi_0 \leqq \psi \leqq \psi_0,$$

ϑ désignant un nombre positif inférieur à π.

A chaque valeur donnée ψ on pourra évidemment faire correspondre un nombre réel $K(\psi)$, inférieur à ϑ et tel que, ρ tendant vers l'infini, le produit

$$e^{-[K(\psi)+\varepsilon]\rho}\,\varphi(\rho e^{i\psi})$$

tende vers zéro ou non, suivant que $\varepsilon > 0$ ou $\varepsilon < 0$. En raisonnant comme au numéro précédent, on en conclut que l'expression $I(x, \psi)$ représente une fonction holomorphe de x dans le domaine

$$(6) \qquad \log r \cos\psi - \theta \sin\psi + K(\psi) < 0, \qquad r > 0,$$

et que cette fonction donne le prolongement de $I(x)$; le théorème de la page 123 nous permet donc d'énoncer le résultat suivant, qui révèle un rapport intéressant entre les points singuliers de $F(x)$ et les propriétés asymptotiques de $\varphi(z)$:

Si les conditions énoncées ci-dessus sont vérifiées, les seuls points singuliers que puisse présenter $F(x)$ à distance finie, en dehors de l'origine, sont les points $x \equiv r e^{i\theta}$ qui restent extérieurs au domaine (6) quel que soit ψ.

Comme $K(\psi) < \vartheta$, les points en question vérifieront à plus forte raison la condition $\log r \cos\psi - \theta \sin\psi + \vartheta > 0$, quel que soit ψ, d'où cette autre conclusion :

Sous les conditions admises ci-dessus, les points singuliers de la fonction $F(x)$, autres que l'origine et le point à l'infini, sont tous compris à l'intérieur de la courbe fermée

$$r = e^{\pm\sqrt{\vartheta^2 - \theta^2}}$$

enveloppe des spirales $\log r \cos\psi - \theta \sin\psi + \vartheta = 0$ correspondant aux différentes valeurs de l'angle ψ.

Pour $\vartheta = 0$, la courbe en question se réduit au seul point $x = 1$, de sorte que l'on retrouve le théorème du n° 63.

65. Reprenons les hypothèses du n° 63 et les notations du n° 62; on aura à l'intérieur du cercle $|x| = 1$

$$\overline{F}(x) = \frac{1}{2}\varphi(0) + \overline{H}(x) + \int_0^\infty x^\tau \varphi(\tau)\, d\tau,$$

et d'autre part, en désignant, comme à la page 119, par $\overline{F}_1(x)$ la branche de la fonction $F(x)$ qu'on obtient en prolongeant $\overline{F}(x)$ le long d'un chemin faisant le tour du point $x = 1$ dans le sens *rétrograde*, il résulte des considérations des pages 125–126 qu'on aura dans le même cercle

$$\overline{F}_1(x) = \frac{1}{2}\varphi(0) + \overline{H}(x) + \int_{\Gamma'} x^z \varphi(z)\, dz,$$

le contour Γ' étant composé : 1° du segment 0 —— R de l'axe réel; 2° de la circonférence C_R de centre 0 et de rayon R (parcourue dans le sens direct); 3° du segment R —— ∞ de l'axe réel. Quant au nombre R, on doit le choisir assez grand pour que la branche principale de $\phi(z)$ soit holomorphe pour $0 \leqq \psi \leqq 2\pi$, $\rho \geqq R$, ce qui est possible en vertu des hypothèses du n° 63.

Les égalités précédentes mettent en évidence certains cas généraux où l'on pourra trouver pour la différence $\overline{F}_1(x) - \overline{F}(x)$ une expression valable dans tout le plan.

(α). *La branche principale de $\varphi(z)$ est uniforme à l'infini.* — Le nombre R étant déterminé comme il a été dit, $\varphi(z)$ sera uniforme et holomorphe en dehors de C_R et sur cette circonférence, d'où l'on déduit

$$\overline{F}_1(x) - \overline{F}(x) = \int_{C_R} x^z \varphi(z)\, dz.$$

Or, d'après le théorème de Laurent, la fonction $\varphi(z)$ sera représentée pour $|z| \geqq R$ par un développement de la forme

$$\varphi(z) = \sum_{-\infty}^{+\infty} A_\nu z^\nu,$$

qui reste uniformément convergent sur C_R, et en le substituant dans l'égalité précédente, on aura

$$\overline{F}_1(x) - \overline{F}(x) = 2\pi i \sum_1^\infty \frac{A_{-\nu}}{(\nu - 1)!} (\log x)^{\nu - 1}.$$

Le second membre est une fonction entière de $\log x$. On peut ainsi étudier la fonction $F(x)$ dans tout le plan.

(β). *La fonction $\varphi(z)$ est uniforme dans tout le plan et ne présente qu'un nombre fini de points singuliers.* — Dans ce cas, on retrouve un résultat établi au n° 59 :

$$\overline{F}_1(x) - \overline{F}(x) = 2\pi i \mathcal{E}\big(\varphi(x)\big) x^z.$$

(γ). *$\varphi(z) = \log R(z)$, $R(z)$ étant une fonction rationnelle.* — Soient $a_1, a_2, \ldots, a_n$ les affixes des *zéros* et des pôles de la fonction $R(z)$, situés à distance finie, et soient $\mu_1, \mu_2, \ldots, \mu_n$ leurs ordres respectifs [μ_ν étant un entier positif ou négatif suivant que le point a_ν est pour $R(z)$ un *zéro* ou un pôle]. Par une déformation continue, on pourra ramener le contour Γ' défini plus haut à une suite de lacets, partant de l'origine et renfermant chacun un seul point a, plus le segment 0 —— $+\infty$ de l'axe réel. On trouve ainsi, par un calcul facile que nous devons laisser au lecteur,

$$\overline{F}_1(x) - \overline{F}(x) = -\frac{2\pi i}{\log x} \sum^{n} \mu_\nu x^{a_\nu},$$

égalité qui met en évidence le caractère des différentes branches de la fonction donnée.

66. En terminant, appliquons les considérations qui précèdent à un exemple assez important. Faisons $\varphi(z) = z^{-s}$ et supposons la partie réelle de s *négative*; $\varphi(z)$ s'annulera à l'origine, et la fonction $F(x)$ s'écrira

$$F(x, s) \equiv \sum_{1}^{\infty} \frac{x^\nu}{\nu^s}.$$

Les conditions du n° 63 sont vérifiées, sauf que la fonction $\varphi(z)$ n'est pas holomorphe à l'origine. Mais, comme elle y prend une valeur finie et déterminée, les résultats précédents seront encore valables, comme on le voit en appliquant la formule (V) de la page 58 avec $m = 1$, et en tenant compte de la note de la page 57.

Dans le cas présent, l'intégrale $I(x)$ se calcule sous forme finie :

$$I(x) \equiv \int_0^\infty x^\tau \tau^{-s}\, d\tau = \Gamma(1-s)\Big(\log \frac{1}{x}\Big)^{s-1},$$

et l'expression $H(x)$ s'écrit :

$$H(x) = -2 \int_0^\infty t^{-s} \sin\Big(t \log x - \frac{\pi s}{2}\Big) \frac{dt}{e^{2\pi t} - 1},$$

de sorte que l'égalité (1) nous donne

$$F(x,s) = \Gamma(1-s)\left(\log\frac{1}{x}\right)^{s-1} - 2\int_0^{\infty} t^{-s}\sin\left(t\log x - \frac{\pi s}{2}\right)\frac{dt}{e^{2\pi t}-1}.$$

On vérifie aisément sur cet exemple les résultats du n° 63. En particulier, les seuls points singuliers de $I(x)$ sont l'origine, le point à l'infini et le point ($r = 1, \theta = 0$). Donc aussi, d'après la page 123, $F(x,s)$ *n'admet pas d'autres points singuliers que* 1, ∞ *et* 0. D'ailleurs l'origine est effectivement point singulier pour toute branche de $F(x,s)$ autre que la branche principale.

D'autre part, on constate aisément que *toute branche de* $F(x,s)$ *tend vers zéro lorsqu'on s'éloigne indéfiniment de l'origine,* dans une direction déterminée quelconque (*cf.* le n° 55).

La fonction $H(x)$ étant holomorphe au point $x = 1$, on peut la développer en série convergente suivant les puissances ascendantes de $\log x$. Les coefficients de ce développement, qui se présentent d'abord sous forme d'intégrales définies, peuvent s'exprimer simplement à l'aide de la fonction $\zeta(s)$, en vertu de l'égalité (8) de la page 107. On trouve ainsi ([1])

$$F(x,s) = \Gamma(1-s)\left(\log\frac{1}{x}\right)^{s-1} + \sum_0^{\infty}\zeta(s-\nu)\frac{(\log x)^{\nu}}{\nu!}. \tag{7}$$

Quel est le domaine de convergence de ce développement ? On pourrait évidemment le déduire des propriétés de la fonction $\zeta(s)$, mais nous préférons nous servir de nos résultats généraux. Les points singuliers de $H(x)$ sont l'origine et le point à l'infini, ainsi que le point $x = 1$ lorsqu'on y arrive après avoir fait le tour de l'origine, c'est-à-dire avec un argument θ qui est un multiple entier positif ou négatif de 2π. La plus petite valeur du module $|\log x|$ correspondant à un point singulier de $H(x)$ ou de $\log x$, est donc précisément égale à 2π, et il en résulte que le développement (7) reste convergent tant que $|\log x| < 2\pi$, condition qui est vérifiée dans le domaine limité par les deux courbes $r = e^{\sqrt{4\pi^2-\theta^2}}$ et $r = e^{-\sqrt{4\pi^2-\theta^2}}$.

On aura un développement analogue de l'expression $H(x)$, avec le même domaine de convergence, toutes les fois que sont vérifiées les conditions du n° 62.

Nous avons supposé jusqu'ici la partie réelle de s négative, mais il est facile de lever cette restriction. En effet, en se servant d'un artifice bien connu dû à Riemann,

1. Ce résultat peut se déduire aussi d'une formule générale très remarquable établie par M. Mellin (*Acta Soc. Scient. Fenn.*, t. XXIV, n° 10, p. 39–42 et t. XXIX, n° 4, p. 42–44).

on arrive à cette nouvelle expression de $H(x)$:

$$H(x) = \frac{2}{1 - e^{-2\pi i s}} \int_C t^{-s} \sin\left(t \log x - \frac{\pi s}{2}\right) \frac{dt}{e^{2\pi t} - 1},$$

le contour C se composant, par exemple, des parties suivantes : 1° le segment ∞ — k de l'axe réel $(0 < k < 1)$; 2° la circonférence $|t| = k$, parcourue dans le sens direct ; 3° le segment k — ∞, de l'axe réel. Cette expression est valable pour toutes les valeurs de s, sauf les valeurs entières, et l'on en conclut que, sous les mêmes conditions, la fonction $H(x)$ est holomorphe dans le domaine $-2\pi < \theta < 2\pi$, $r > 0$. Donc, dans tous les cas, 1, ∞ et 0 seront les seuls points singuliers de $F(x, s)$. D'autre part, l'expression ci-dessus peut évidemment se développer en série convergente suivant les puissances ascendantes de $\log x$, et comme les coefficients de cette série sont des fonctions analytiques de s et qu'ils doivent coïncider avec les coefficients correspondants du développement (7) lorsque la partie réelle de s est négative, il en résulte que ce dernier développement reste valable pour toutes les valeurs de s, sauf les valeurs entières et positives.

Substituons maintenant dans la formule (7) $s = k + \varepsilon$, k étant un entier positif supérieur à l'unité. On déduit facilement des propriétés connues de $\Gamma(x)$:

$$\Gamma(1 - s) \equiv \Gamma(1 - k - \varepsilon) = -\frac{R}{\varepsilon} + A_0 + A_1\varepsilon + \cdots,$$

avec

$$R = \frac{(-1)^{k-1}}{(k-1)!}, \qquad A_0 = \frac{(-1)^{k-1}}{(k-1)!}\left(1 + \frac{1}{2} + \cdots + \frac{1}{k-1} - C\right),$$

C étant la constante d'Euler, et d'autre part on a, d'après la page 99,

$$\zeta\left[s - (k-1)\right] \equiv \zeta(1 + \varepsilon) = \frac{1}{\varepsilon} + C + \cdots.$$

En faisant tendre ε vers zéro, on trouvera donc pour la fonction (14) (p. 121) ce nouveau développement [1]

$$\sum_{\nu=1}^{\infty} \frac{x^\nu}{\nu^k} = \frac{(\log x)^{k-1}}{(k-1)!}\left(1 + \frac{1}{2} + \cdots + \frac{1}{k-1} - \log\log\frac{1}{x}\right) + \sum_{\nu=0}^{\infty}{}' \zeta(k - \nu)\frac{(\log x)^\nu}{\nu!},$$

1. Ce développement peut se déduire aussi des résultats obtenus par Kummer (*Journal de Crelle*, t. 21 ; *voir* en particulier p. 340).

où l'accent affectant la dernière somme signifie que la valeur $\nu = k - 1$ est exclue. Les coefficients de ce développement, qui converge pour $|\log x| < 2\pi$, se simplifient d'ailleurs, grâce aux relations (6) (p. 30) et (9) (p. 99).

A la fonction $F(x, s)$ se rattachent d'autres fonctions intéressantes, par exemple

$$\sum_{1}^{\infty} \sin(\log \nu)\, x^{\nu} \quad \text{et} \quad \sum_{1}^{\infty} (\log \nu) x^{\nu},$$

dont la première a été considérée par M. Hadamard dans sa Thèse. Notre méthode permettrait de même d'étudier complètement la fonction plus générale

$$\sum_{0}^{\infty} \frac{x^{\nu}}{(w + \nu)^{s}}.$$

Mais nous devons laisser au lecteur à développer ces applications et bien d'autres qui se déduisent facilement de nos considérations générales.

FIN.

TABLE DES MATIÈRES.

FIN DE LA TABLE DES MATIÈRES.

35785 PARIS. — IMPRIMERIE GAUTHIER-VILLARS,
Quai des Grands-Augustins, 55.

35785 Paris. — Imp. GAUTHIER-VILLARS, quai des Grands-Augustins, 55

Notes sur la Transcription

Quatre erreurs typographiques ont été corrigée, dénotée dans ce texte par (†).

Note 1. (Page 8) Ajouter des parenthèses autour de ν :

$$f(x)=\sum_0^\infty \frac{f^\nu(a)}{\nu!}(x-a)^\nu \quad\longrightarrow\quad f(x)=\sum_0^\infty \frac{f^{(\nu)}(a)}{\nu!}(x-a)^\nu.$$

Note 2. (Page 118) Ajouter un i à l'exponent du deuxième terme du dénominateur :

$$|\Phi(x,z)|=r^\alpha\frac{\left|\phi(\alpha+it)\right|}{e^{\pi i}+e^{-\pi}} \quad\longrightarrow\quad |\Phi(x,z)|=r^\alpha\frac{\left|\phi(\alpha+it)\right|}{e^{\pi i}+e^{-\pi i}}.$$

Note 3. (Page 124) Dans la condition, remplacer l'égalité par "$\leqq$" :

$$-\tfrac{\pi}{2}=\psi\leqq\tfrac{\pi}{2} \quad\longrightarrow\quad -\tfrac{\pi}{2}\leqq\psi\leqq\tfrac{\pi}{2}.$$

Note 4. (Page 125) Le bout gauche a été fait 0 à la base du contexte :

> ...ni avec un point situé sur le segment 0 —— ∞ du rayon...

Dans original : —— ∞